海报设计

技巧与实战

张修 编著

内容简介

这是一本介绍使用Photoshop设计海报的教程书,针对海报设计的各种技巧进行了全面、细致的讲解。全书共6章,第1章讲解海报设计的基础知识,第2章~第5章分别围绕构图与版式、色彩与配色、光影与透视、字体与情感这五大设计核心进行讲解,第6章是综合案例,对8种不同的设计风格进行讲解。书中案例精彩,方法实用,讲解精辟,通过对海报设计的思路、方法和技巧进行专业讲解,让读者快速掌握海报设计技巧。另外,本书附赠一套教学视频,让读者可以更好地学习。

本书适合平面设计师和平面设计专业的学生阅读。

图书在版编目(CIP)数据

Photoshop海报设计技巧与实战 / 张修编著. -- 北京:电子工业出版社,2021.12
ISBN 978-7-121-42256-0

Ⅰ. ①P… Ⅱ. ①张… Ⅲ. ①平面设计－图像处理软件 Ⅳ. ①TP391.413

中国版本图书馆CIP数据核字(2021)第215575号

责任编辑:赵英华　　特约编辑:刘红涛
印　　刷:天津图文方嘉印刷有限公司
装　　订:天津图文方嘉印刷有限公司
出版发行:电子工业出版社
　　　　　北京市海淀区万寿路173信箱　　邮编:100036
开　　本:787×1092 1/16　印张:17　字数:435.2千字
版　　次:2021年12月第1版
印　　次:2023年7月第5次印刷
定　　价:98.00元

凡所购买电子工业出版社图书有缺损问题,请向购买书店调换。若书店售缺,请与本社发行部联系,联系及邮购电话:(010)88254888,88258888。
质量投诉请发邮件至zlts@phei.com.cn,盗版侵权举报请发邮件至dbqq@phei.com.cn。
本书咨询联系方式:(010)88254161～88254167转1897。

前言
FOREWORD

海报传达的商业价值

海报作为视觉传达的一种方式，因其应用范围广、承载媒体丰富的特点，使它成为商业宣传不可或缺的一种手段。海报是将艺术层面的概念引入商业设计中，创作出画面感强、辨识度高的平面设计作品。

辨识度就像人们去饭店吃饭，有的饭店去过一次之后很快便会忘记，但有的饭店可能会多次光顾。其根本原因就在于一切太过常规的画面很难在大脑中留下太多印象，而非常规、辨识度高的画面会给大脑带来"幸福感"，所以给人留下的印象相对持久。

如下面两张中秋节海报，人们很难了解到真正有效的信息，与中秋节相关的元素也不多，只有单薄的文字内容。从商业价值的角度来看，这两张海报太过常规化。

再看下面这两张中秋节海报。海报中带有浓浓的中秋节气氛，无论是嫦娥奔月的画面，还是玉兔偷吃月饼的画面，都充满了中国风，并且具有辨识度。

   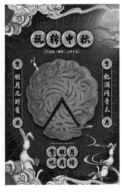

商业性代表着利益和价值，如何用具有美感的画面将商品信息放大呢？

下面两张海报都是具有商业性的房产海报。左边的海报体现出了房产的相关信息，但是表现得太过表面，并没有体现出设计感和房产信息的特别之处。右边的海报将利益点放大了，利用江水和鱼群的插画与女性伸手的插画进行结合，体现房产处在江边的特殊之处。

海报的画面感，即海报的视觉表现。海报画面是否有冲击力，能否吸人眼球很关键。

下面两张海报都对画面的构图、光线、配色和质感进行了特殊化处理，画面感很强，相对弱化了商业信息。

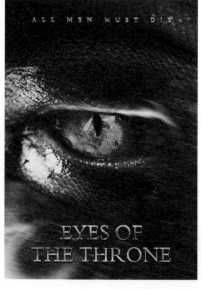

生活中隐藏的设计美学

欣赏美的事物可以缓解人的心理压力，可以使人心情愉悦。在生活中发现美，提取出设计创意是每个设计师不断追求的目标。

生活中的美无处不在。比如，从火花中可以发现光线的表现效果，从剪影中可以感受到色彩带来的艺术魅力。

那么，如何将生活中隐藏的美运用到设计作品中呢？这取决于人们对事物观念和观察角度的转变。下面是两张新年海报，其创意的根源在于人们在生活中发现到的事物。

下页展示的新年动态海报，创作的灵感来自于年轻人爱玩的 DJ 电音打击垫（下图）。其版式设计与色块设计融合了贪食蛇与填格游戏，娱乐性较强。

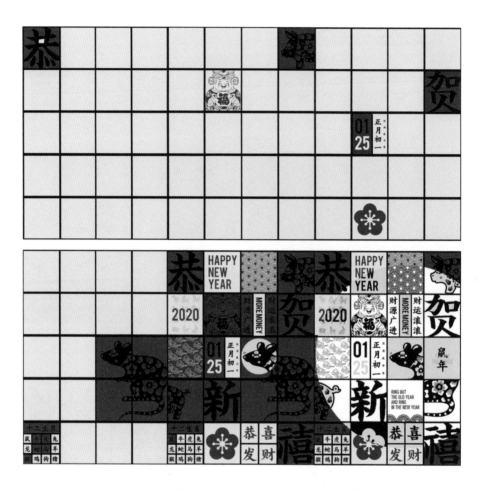

下面左图展示的是一张陶艺交流展的艺术海报，创意的灵感来自于陶艺拉胚成型的过程（下右图）。海报画面右侧的圆形形象地表现了陶艺成型的静止画面，而经过简化和添加艺术肌理后的陶艺图形让海报整体多了几分艺术气息，更贴合海报的主题和内容。

设计的核心是再创造，设计师要运用自己积累的设计技巧和经验，在生活中以不同的角度去激发灵感，将经验和技巧转化成自己的设计，这样就能得到美观且实用的设计作品。

目录
CONTENTS

赏析
Appreciation

第 1 章

海报设计基础

1.1
设计思维

设计是一项富有创新性和挑战性的工作，它要求设计者头脑灵活、想象力丰富、思维多变，这样才能时刻迸发灵感的火花，设计出优质的作品。所以在进行具体设计之前，要学习正确的思维方法。

1.1.1
视觉营销

视觉营销是一种可视化的视觉体验，是指通过视觉效果达到产品营销或品牌推广的目的。视觉营销的本质在于需求上的转变。

这里以卫龙产品为例来讲解视觉营销的概念。以前，人们对辣条的印象是"脏乱差"，主要原因是原有的包装给人一种不够清爽、干净的感觉。当消费者因某种因素对这个商品或品牌不喜欢时，那么品牌自身就要分析不被喜欢的原因，并寻求针对性的措施来扭转人们的负面情绪，将负需求转变为正需求。当了解到负需求产生的原因后，通过一系列视觉性的整改，彻底改变大众对该类商品甚至该品牌的印象。

通过简洁、大气的设计可以使看起来"脏乱差"的产品得到美化，从而改变消费者的认知心理，使购买率得到转化，这就是视觉营销——一种与传统营销不同的营销方式。视觉营销依靠的是视觉的引导，包括图片、风格、色彩、文字、版式和结构等。

案例分析

下面以"防脱发"为主题介绍视觉营销的成果。第 1 张海报整体看起来更像是展示染发效果，并没有体现出防脱发的效果及创意性。第 2 张海报通过夸张、诙谐的手法展示了脱发的后果，加入了人物和产品，表示该款防脱发的产品可以让头发生长茂密，创意十分有趣。

通过以上两张防脱发产品海报可以看出，第 2 张海报更具有吸引力和辨识度。海报营销的对象是需要解决脱发烦恼的人群，海报的目的是传达这个产品治疗脱发的功效，整个版面很简洁，没有过多花哨处理，一切以图像为主。

下面以手机海报为例进行分析。海报营销的目的是展现手机高清的影像功能，营销对象是喜欢拍照的年轻男女。所以视觉营销的关键就在于设计的效果要夺人眼球，可以让人置身其中体验高清影像的魅力。

以上两张海报完全是两种风格，各有各的优点。但是大家要注意，怎么体现出拍摄高清影像的功能才是最重要的。第 1 张海报更多的是展现产品的设计，极少能表现出拍摄高清影像的优势，缺少引导。而第 2 张海报利用第一视角将大众引入北极光绚丽夺目的画面中，利用合成手法将手机与背景处理成视觉交错的透视效果，仿佛让人置身其中，而北极光的光感更能凸显拍摄高清影像的功能，能激发观者的购买欲望。

下面以舞蹈海报为例进行分析。舞蹈海报营销的对象是偏成人化的女性。舞蹈课程很专业，练习环境也很有档次，所以在了解营销需求后，就要设计出符合这个定位和风格的海报。

通过以上两张海报可以看出，第 1 张海报整体风格偏年轻，有活力，用了比较可爱的元素去搭配。但是这个课程针对的人群偏成年女性，所以非常可爱且特别年轻化的风格其实很难打动这些人群。而第 2 张海报整体版式干净、利落，文字和布局错落有致，易阅读，色彩简洁，画面中女舞者的曼妙身姿与主题文字结合，利用柔美的曲线将舞蹈的形态概念化，整体设计看起来更专业。所以，如果两张海报内的课程售价差不多，人们可能更愿意选择第 2 张海报上的课程。

可以说，视觉营销更是一种需求的视觉转化，品牌形象、风格定位、针对的人群、心理预期都可以通过视觉营销来体现。

1.1.2
打破常规逻辑

往往很多非常有创意的作品都是通过打破常规逻辑的方法做出来的。每个人都应该了解自己的思维方式，以帮助自己摆脱思维定式的束缚。心理学大师爱德华•德•博诺博士（Edward de Bono）提出，人类有两种非常不一样的思维模式：水平思考和垂直思考。

垂直思考是收敛式的思考方式，从许多想法中不断浓缩至一个焦点。垂直思考是一种逻辑式思考。例如，面对净化器商品时，人们会考虑它的功能、优势和特点。

水平思考则从问题出发，往各种可能的方向自由联想，没有界限。水平思考能增强人们思考的流畅性，使人们产生大量的创意，而且往往可以让人突破思维定式，产生独创性想法，这是水平思考最重要的功能。例如，面对净化器商品时，人们想到的场景是：一家人在房间里喝茶聊天，旁边放着一台净化器，这种没有界限的思维方向都是水平思考的结果。相反，如果使用垂直思考，则人们很容易陷入惯性思维，不容易激发出创造性的想法。其实，大部分人都容易陷入垂直思考的死循环当中。

案例分析

下面以一个泰国旅游宣传海报为例，讲解如何打破常规思维做出好看的设计。

正常情况下，人们在设计旅行类海报时，都会将当地有名的景点与建筑融合在一起进行表现，如下左图所示。这是一种人们常用的设计方法（垂直思考）。

但太常用的方法往往缺少自我设计的特点和创意性，所以大家可以通过水平思考的方式将切入点转移到人身上，因为消费者或者想要旅游的人才是宣传的对象。如果能通过图片让消费者有一种在旅游景点度假的感受，就能起到真正促使人们去旅游的作用。如下右图所示，它是以人的第一视角进行设计的，通过不同的构图手法将人物看到的旅游景点和建筑尽收眼底。这样更加灵活地展现了人们旅游度假的状态，可以达到让人感同身受的视觉效果。

1.2
软件基础

设计海报常用的软件是 Photoshop。Photoshop 有很多功能，在图像、图形、文字、视频和出版等方面都有涉及，广泛用于平面设计、数码照片处理、三维特效制作、网页设计和影视制作等领域。

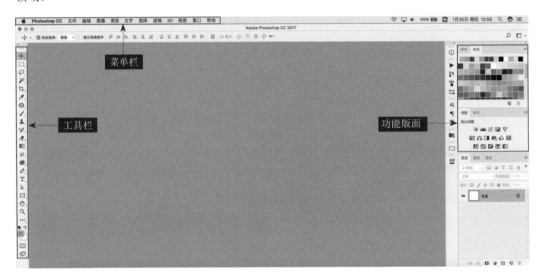

1.2.1
抠图工具

先介绍设计海报时常用的抠图工具。抠图是把图片或影像的某一部分从原始图片或影像中分离出来，使其成为单独的部分。图像的复杂程度不同，抠图的方法也不一样。

· 钢笔工具

如果对象边缘呈不规则形状，可使用"钢笔工具" ⵔ.进行抠图。下图所示为使用"钢笔工具" ⵔ.抠图并替换背景前后的效果对比。

01 打开需要处理的图片，选择工具栏中的"钢笔工具" ⊘., 在要抠取的主体周围依次单击并拖动鼠标创建路径，起点与终点重合即完成路径的绘制。

02 使用快捷键Ctrl+Enter将路径载入选区，然后单击鼠标右键，在弹出的快捷菜单中选择"选择反向"命令，接着按 Delete 键删除选区外的背景，并将该图层命名为"图层 1"。

03 打开一张新的图片作为背景，并将其移动到"图层 1"下方即可。

· 通道

如果对象边缘复杂，可使用"通道"抠图。下图所示为使用"通道"抠图并替换背景前后的效果对比。

01 打开需要处理的图片，使用快捷键 Ctrl+J 复制背景图层，再在"通道"面板中，选择明暗对比比较强烈的"蓝"通道，并复制一层。

02 选择复制的"蓝"通道，执行"图像 > 调整 > 色阶"菜单命令，在弹出的"色阶"对话框中拖动"输入色阶"两侧的滑块，调整照片的明暗度，在保证图像轮廓清晰的情况下，尽可能让明暗对比最大化。

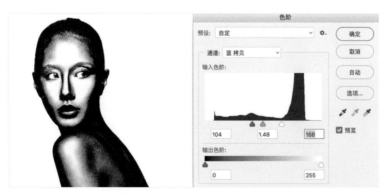

03 选择"画笔工具" ✐ , 将前景色和背景色分别设置为黑色和白色, 用白色画笔涂抹人物部分, 完成后单击"通道"面板下方的"将通道作为选区载入"按钮 ⊙ 。

04 返回"图层"面板, 可以看到复制的图层已自动添加蒙版。如果还需调整一些细节, 可以在图层蒙版上进行调整。

05 按住 Ctrl 键, 单击图层蒙版, 然后执行"选择 > 反选"菜单命令, 再按 Delete 键删除背景, 即可添加任何想要的背景。

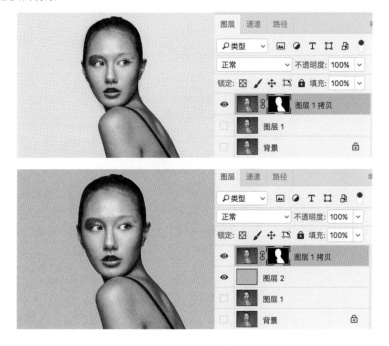

· 蒙版

如果要抠除比较复杂的毛发，可使用"蒙版"抠图。下图所示为使用"蒙版"抠图前后的效果对比。

01 打开需要处理的图片，使用"快速选择工具" 在人物周围单击建立选区。

02 单击鼠标右键，在弹出的快捷菜单中选择"选择反向"命令，然后单击"添加图层蒙版"按钮，这样就将选区内的人像抠出来了。

03 双击图层蒙版，在弹出的"属性"面板中选择"选择并遮住"复选框，然后在弹出的"属性"对话框中使用"画笔工具" ✎ 将多余的部分擦除，接着设置"边缘检测"的"半径"为45像素，将毛发显示出来，再在"输出到"下拉列表中选择"新建带有图层蒙版的图层"选项，最后单击"确定"按钮 确定 。

04 将背景用渐变色填充，即可得到下图所示的效果。

1.2.2
图像修复工具

在处理图片时，人们经常会遇到画面中有遮挡物需要修除，或者需要美化物品、人像的情况。下面介绍几种比较常用的图像修复工具。

·污点修复画笔工具

"污点修复画笔工具" ✎.可以快速去除照片中的污点、划痕和其他不理想的部分。

打开需要处理的图片，使用"污点修复画笔工具" ✎.直接在污点（所选区域）上单击即可，如下图所示。

·修复画笔工具

与"污点修复画笔工具" ✎.不同的是，"修复画笔工具" ✎.可以使画面中被修复的地方自然地与周边融合，而非完全地复制取样点。

打开需要处理的图片，按住 Alt 键使用"修复画笔工具" ✎.进行取样——用鼠标左键单击要修复位置周围干净的区域，松开 Alt 键对有污点的地方进行擦除即可。

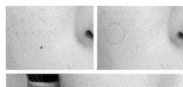

·修补工具

"修补工具" 🔲.与"修复画笔工具" 🖊.类似，它也可以用其他区域或图案中的像素来修复选中的区域。

使用方法：使用"修补工具" 框选要修复的部分，然后将要修复的部分拖到空白、干净的区域即可。

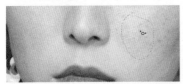
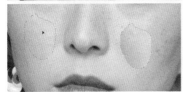

·仿制图章工具

"仿制图章工具" 🔲.可以从图像中复制信息，并将其应用到其他区域或者其他图像中。

打开需要处理的图片，选择"仿制图章工具" 🔲.并按住 Alt 键，单击与要修复对象相似的干净区域进行取样，在有污点的地方单击或者连续擦拭进行修复。

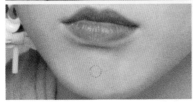

·内容识别填充

"内容识别"填充可以自动计算并为要填充的区域填充画面周围的内容。

打开需要处理的图片，使用"套索工具" ○ 选择要去除的部分，然后单击鼠标右键，在弹出的快捷菜单中选择"填充"命令，在弹出的"填充"对话框中，将"不透明度"值设置为100%即可。

·液化

使用"液化"功能可以对图像进行任意扭曲操作，还可以定义扭曲的范围和强度。

打开需要处理的图片，执行"滤镜 > 液化"菜单命令，在弹出的"液化"对话框中选择"向前变形工具" ✎ ，在需要修复的区域使用鼠标左键调整变形。在此过程中，可以根据液化对象的变形需要在右侧的"画笔工具选项"或"人脸识别液化"选项组中调整相关参数。

1.2.3
特效工具

在处理图片时，经常需要制作一些特效，让效果更出彩。制作特效最主要的工具是混合模式，下面具体介绍混合模式的应用。

混合模式是 Photoshop 的核心功能之一，它决定了像素的混合方式。一般使用较多的是"正常"混合模式。除此之外，还有很多其他混合模式，它们可以产生不同的混合效果。

这里将混合模式分为6组。虽然有很多混合模式，但是在设计中常用的其实只有"正片叠底""颜色加深""线性加深""滤色""颜色减淡""线性减淡""叠加""柔光""强光""颜色""明度"等。

✓ 正常 溶解	正常溶解
变暗 正片叠底 颜色加深 线性加深 深色	变暗模式 去白留黑
变亮 滤色 颜色减淡 线性减淡（添加） 浅色	变亮模式 去黑留白
叠加 柔光 强光 亮光 线性光 点光 实色混合	饱和度模式 加强对比
差值 排除 减去 划分	差值模式 反差混合
色相 饱和度 颜色 明度	颜色模式 色彩混合

总的来说，上层图层的颜色与下层图层的颜色混合，可以得到新的效果。为了让大家更好地理解每种混合模式，下面用两张图来展示应用这些混合模式的效果。

"溶解"模式：将"混合模式"设置为"溶解"，并配合"不透明度"可以得到下图所示的效果。

"正片叠底"模式：白色以外的区域都会变暗，效果如下图所示。

"线性加深"模式：与"正片叠底"模式类似，但画面变得更暗、更深，效果如下图所示。

"变暗"模式：用下层暗色替换上层亮色，效果如下图所示。

"颜色加深"模式：加强深色，效果如下图所示。

"深色"模式：同样会让画面变暗，但是能清楚地找出两个图层交替的区域，如下图所示。

> ❗ 提示
>
> 以上这 6 种混合模式都能使画面产生变暗、变深的效果，也就是加深模式，有去白留黑的作用。

"变亮"模式：与"变暗"模式完全相反，效果如下图所示。

"颜色减淡"模式：与"颜色加深"模式完全相反，提亮后画面的对比度不错，效果如下图所示。

"浅色"模式：与"深色"模式完全相反，与"变亮"模式类似，能清楚地找出颜色变化区域，效果如下图所示。

> ⓘ 提示
>
> 以上这5种混合模式的特点就是替换深色，每一种加深对应一种减淡，所以有"去黑留白"的作用。

"滤色"模式：与"正片叠底"模式完全相反，会提亮画面，效果如下图所示。

"线性减淡"模式：与"线性加深"模式完全相反，与"滤色"模式类似，效果如下图所示。

"叠加"模式：在底层像素上叠加上层像素，保留上层图像的对比度，效果如下图所示。

"柔光"模式：可以让画面变亮，也可以让画面变暗。如果混合色比 50% 灰度亮，画面就变亮；反之，画面则变暗，效果如下图所示。

"强光"模式：可以添加高光，也可以添加暗调（达到"正片叠底"模式和"滤色"模式的效果），主要取决于上层图像的颜色，效果如下图所示。

"亮光"模式：会使饱和度更高，可以增强对比度，达到"颜色加深"模式和"颜色减淡"模式的效果，如下图所示。

"线性光"模式：可以通过提高和减淡亮度来改变颜色深浅，可以使很多区域产生纯黑或纯白（相当于"线性减淡"模式和"线性加深"模式）的效果，如下图所示。

"点光"模式：会产生 50% 的灰度，相当于"变亮"模式和"变暗"模式的组合，如下图所示。

"实色混合"模式：可以提高颜色的饱和度，使图像产生色调分离的效果，如下图所示。

> **提示**
> 以上这 7 种混合模式（包括上页的"叠加"模式）有提高画面饱和度、增强画面对比度的作用。

"差值"模式：混合色中的白色产生反相，黑色接近底层图像的颜色，原理是从上层图像的颜色中减去混合色，如下图所示。

"减去"模式：混合色与上层图像的颜色相同，显示为黑色；混合色为白色，也显示为黑色；混合色为黑色，显示上层图像的原色，如下图所示。

"排除"模式：与"差值"模式的原理类似，但效果更柔和，如下图所示。

"划分"模式：如果混合色与基色相同，则结果色为白色；如果混合色为白色，则结果色为基色不变；如果混合色为黑色，则结果色为白色（颜色对比十分强烈），如下图所示。

提示
以上这4种混合模式可以利用对比得到反差混合的效果。

"色相"模式：用混合色替换上层图像的颜色，上层图像的轮廓不变，达到换色的效果，如下图所示。

"饱和度"模式：用上层图像颜色的饱和度替换下层的，下层图像的色相和明度不变，如下图所示。

"颜色"模式：用上层图像的色相和饱和度替换下层的，下层图像的明度不变，常用于图像的着色处理，如下图所示。

"明度"模式：用上层图像的明度替换下层的，下层图像的色相和饱和度不变，如下图所示。

> **❗ 提示**
> 以上这4种混合模式是利用图像的色彩进行颜色混合的，可以达到着色和换色的效果。

总的来说，以上就是所有的图层混合模式应用的效果，理解和熟练使用这些混合模式会对后期修图、创意合成、海报设计有很大的帮助。

1.2.4

调色工具

"图像"菜单中的"调整"命令主要用于调整图片的色彩，可以改变图片的颜色、明暗关系和色彩饱和度等。"调整"命令也是在实际操作中较常用的一个命令，这里介绍几个常用的子命令，如下图所示。

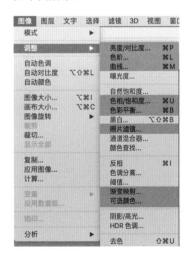

亮度/对比度：可以直观地调整图像的明暗程度，还可以通过调整图像亮部区域与暗部区域之间的比例来调节图像的明暗层次，如下图所示。

色阶：使用"色阶"命令可以调整图像的阴影、中间调和高光，从而调整图像的色调范围或色彩平衡，如下图所示。

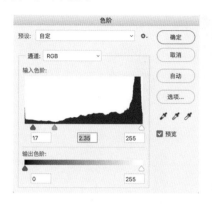 

曲线：使用"曲线"命令能够对图像整体的明暗程度进行调整。通过调整曲线可以改变画面的亮度、对比度及饱和度，从而改变图像的色彩，如下图所示。

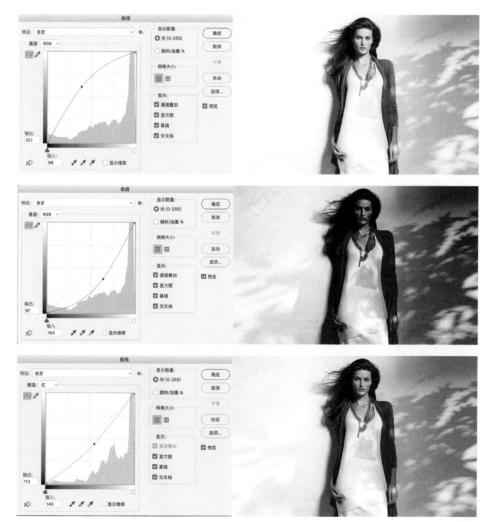

　　色相 / 饱和度：使用"色相 / 饱和度"命令可以调整图像色彩的鲜艳程度，还可以调整图像的明暗程度。拖动"色相"滑块可以更改图像的色相也就是颜色；拖动"饱和度"滑块可以提高图像的色彩浓度；拖动"明度"滑块可以调整图像的明暗程度；选择"着色"复选框可以将色相与饱和度应用到整个图像或者选区中。

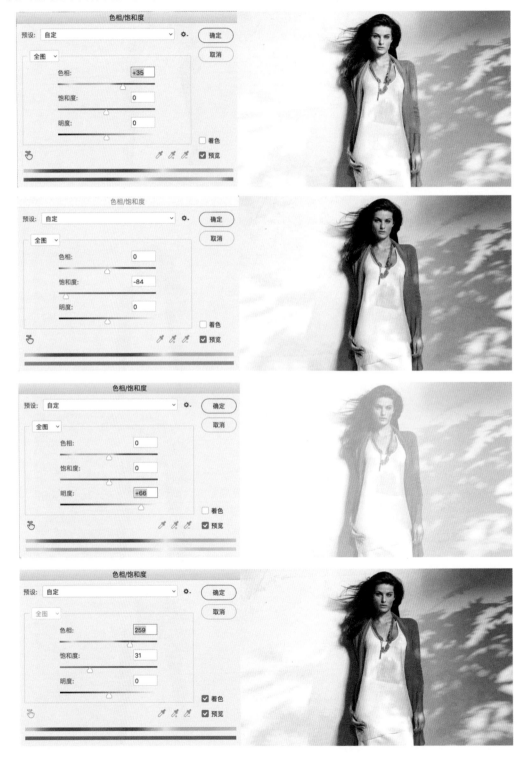

色彩平衡：使用"色彩平衡"命令可以改变图像的颜色构成。它是根据在校正颜色时增加基本色、减少相反色的原理设计的。例如，在图像中增加黄色，对应的蓝色就会减少；反之，就会出现相反的效果。

照片滤镜：它是通过模拟在相机镜头前加装滤镜的效果来进行色彩调整的。该命令还允许选择预设的颜色，以便对图像应用色相调整。

渐变映射：使用"渐变映射"命令可以将设置好的渐变映射到图像中，从而改变图像的整体色调，如下图所示。

可选颜色：使用"可选颜色"命令可以校正偏色的图像，也可以根据需要改变图像的颜色。一般情况下，该命令用于调整某种颜色的色彩比重。在"颜色"下拉列表中可以选择要调整的颜色，通过拖动"青色""洋红""黄色""黑色"这4个滑块，可以针对选定的颜色调整其色彩比重。选择"相对"单选按钮，可以按照总量的百分比更改现有的青色、洋红、黄色或者黑色的量；选择"绝对"单选按钮，可以采用绝对值调整颜色。

1.3
设计风格的表现

海报的设计风格往往是由所要传达的信息或需要解决的问题决定的。对于不同的项目，需要用不同的设计风格来呈现。例如，要表现历史文化的古韵，可以运用中国风视觉设计。了解一些视觉设计风格，可以让设计师有更多的创意和想法。下面列举一些比较常见和流行的设计风格。

1.3.1
古典中国风

古典中国风，即具有中国特色的风格，蕴含大量中国元素，如毛笔字、服饰、乐器、诗词、传统手工和建筑等。

1.3.2
国潮古风

　　所谓"国潮"，不仅包含中国传统文化的特色，而且将传统文化与时下潮流相融合，从而使之更具时尚感，属于一种新的跨界融合的风格。

1.3.3
赛博朋克风

　　赛博朋克风格往往以蓝紫色等暗冷色调为主，搭配具有霓虹光感的对比色，用错位、拉伸、扭曲等具有故障感的形式，表现电子科技的未来感。

1.3.4
蒸汽波风

蒸汽波风格会使用怀旧或超现实主义的元素，画面中大多包含 20 世纪 80 年代的元素，如 Windows 背景、简单拼接和僵硬的渐变色等。

1.3.5
波普风

波普风诞生于 20 世纪 50 年代中期的英国，又称"新写实主义"和"新达达主义"，是通过塑造一些夸张、明亮的色彩与视觉感强的形象来进行表现的写实主义。

1.3.6

欧普风

欧普风采用黑白或彩色几何形进行排列，利用对比、交错和重叠等手法打造各种形状和色彩的碰撞，给人以视觉错乱的印象。

1.3.7

孟菲斯风

孟菲斯风的海报颜色鲜明，多为撞色，以明快、鲜艳度高的明亮色彩故意打破配色规律。

1.3.8
拼贴风

拼贴风将多种元素重新组合，使整个画面看上去充满了层次感和美感。此外，还可以添加一些文字和小元素作为辅助。

1.3.9
立体主义风

立体主义风以各种角度来表现对象，将对象以不同的角度交错叠放，形成许多垂直与平行的线条，散乱的阴影打造出了立体主义的画面，却没有传统西方绘画给人带来的三维空间错觉。

 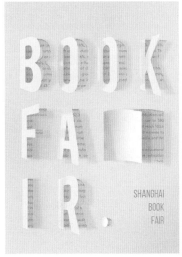

1.3.10

低多边形风

低多边形（Low Poly）风格是一种复古未来派的风格，把多色的元素进行三角形分割，每个小三角形的颜色取自原多色元素的相应位置。

1.3.11

剪纸叠加风

剪纸叠加风格是一种通过重复、叠加、投影等手法，打造超强层次感和视觉感的设计风格。

1.3.12
2.5D 插画风

无论是海报，还是 H5 闪屏，都会运用 2.5D 插画风格。这种风格与积木玩具有相似之处，都是用各种几何图形堆积出一个场景。

1.3.13
极繁重复风

极繁重复风会尝试使用各种复杂的图案，通过大胆的用色和重复的元素填充整个画面，以此来构建整个画面的主题。

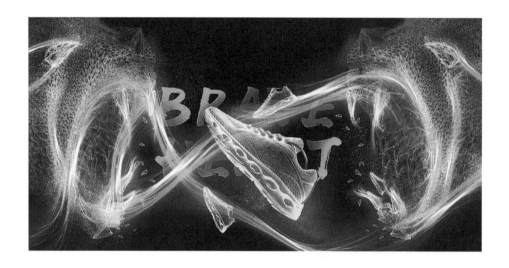

1.3.14

日式极简风

日式极简风以黑、白、灰等自然色为主，形式上删繁就简，去掉所有能去掉的元素，将主要信息凸显出来，大量留白，让用户视觉聚焦于核心信息。

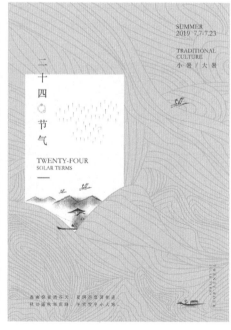

1.3.15
鼠绘插画风

　　鼠绘并不是纯粹的"绘"，这种风格的应用十分广泛，看上去线条比较潦草，但整体却有一种自然结合的美感，能够凸显画面的独特性和艺术气息。

1.3.16
创意合成风

　　创意合成风以独特的创意角度，利用多种素材，结合光影、透视、合成等手法打造逼真的场景，并且富有戏剧性的夸张效果。

　　不同的风格是表现设计独特性和新颖性非常重要的方式，能表现出不同的设计特质和艺术美感，让设计更加多元化。

02

第 2 章

构图与版式

2.1
点、线、面的构图方法

无论多么复杂的画面，都是由点、线、面构成的。合理安排好画面中的点、线、面，才能达到构图上的和谐，使设计作品更完美。

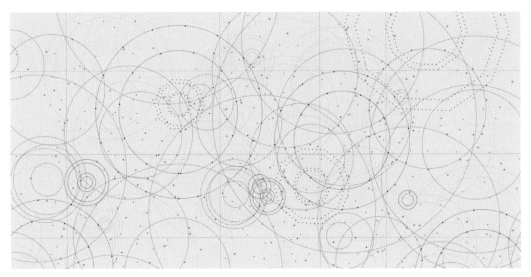

2.1.1
基础构图系统

·点的形态特征及应用

点的基本形态有很多，可以是简单的点或任意几何体，也可以是自由形状，甚至可以是人物、场景等对象。

例如，从高楼上往下看，马路上来往的车辆和人群就相当于点。

从设计的角度来看，在一个版面中相对较小且独立的元素可以称为点。与其他元素相比，点元素更能突出主体。有时，这些点状物体并非画面的主体，但能起到均衡画面的作用。

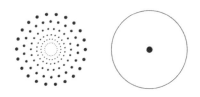

在版面中，点常作为衬托元素，既能衬托主体，又能平衡画面的构图，还能丰富画面。

如下图所示，为了营造画面的促销氛围，将更多奶粉瓶由大到小向四周扩散，将飞出去的奶粉瓶进行模糊处理，使得画面的主体更加清晰、明了，起到了烘托气氛的作用。

下图则利用点丰富了画面，补足了版面的空白。将单独的字母作为装饰性的点元素有规律地分布在画面内，这样不仅提升了设计美感，还起到了平衡画面的作用。

·线的形态特征及应用

点的持续移动可以产生线。在视觉表现中，不具有面或点倾向的形态都可以看作线，线可以极大地增强画面的冲击力。线有直线和曲线两种类型。直线包括折线，曲线包括弧线及各种不规则的曲线。

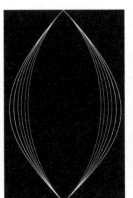

线的意象取决于自身的形态特征。例如，直线能够给人一种率直、干净的感受，有强烈的信息引导能力；斜线能起到分割画面的作用，解决内容与画面之间留白过多的问题。

曲线较为柔和、婉转，能够给人一种时尚、轻松、女性化的感受。抽象或灵动的线条则有引导视线的作用，可以体现画面的创造力和艺术设计感。

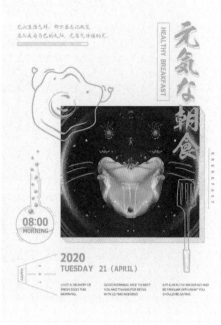

线还可以用于一些复杂的版面设计。如果一个字是一个点，那么一行字就是一条线，几行字就是几条线，一段字就是一组线，线条的粗细都是自由且富有变化的。

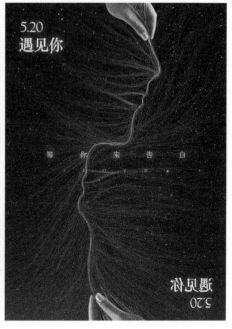

　　下图使用了各种形态的线条，如横线、竖线、斜线、曲线等，构建出了整个版面的框架，让本身单一的文字通过不同形态线条的表现，让画面看起来更生动。

　　下图中的文字和线条更多的是为了凸显主体，线条让画面具有了节奏感、韵律感，使画面更生动，更富有表现力和感染力。

·面的形态特征及应用

面可以由线的分割构成，也可以由点的堆积构成，还可以由线的移动构成。相对整个版面来说，面积最大的组成部分就是面。有时，一幅设计作品的构图主要是由许多不同的面组成的。相对于点和线来说，面占据的空间面积比较大。

例如，下面几张图中占比最大的部分就是面。

面的面积越大，越能影响画面的整体布局。不同的面，形态不一样，因此需要根据实际设计需求和主题表现形态而定。

面可以是物体、图形和文字。规则的面能够起到稳定画面的作用，而不规则的面能让画面展现出变化的多样性，体现出富有艺术性的视觉效果。

由于面是整个版面中占比较大的元素，它能改变整个画面的版式结构，所以面的位置摆放、大小、构图都能决定一张海报最终的设计效果。

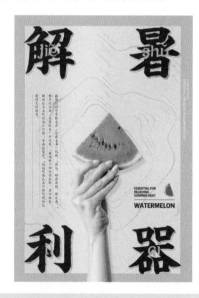

> **⬤ 提示**
> 通过以上内容可知，单纯从形的方面分类，可以将平面构成归纳为点形、线形和面形，并且三者可以相互转换和组合，任何版面构图都可以利用这三者进行创作。

2.1.2
案例：艺术大展海报设计

　　本例是一张艺术感十足的海报，综合运用了点、线、面来设计。弧线的加入让画面更加灵动，补足了画面留白过多的缺陷。

　　将线和点去除后，画面信息就变得分散、凌乱了，文字与图形之间缺少了联系，过多的留白影响了内容和视觉上的平衡。

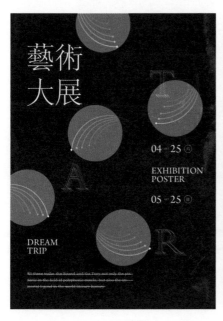

01 新建文件，默认"前景色"为黑色，使用快捷键 Alt+Delete 将画面填充为黑色。

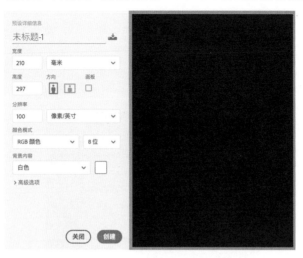

02 利用参考线将画面三等分，画出方块布局，在三等分区域形成一个三角形态的闭环作为版式的框架布局，将文字放在 3 个方块区域。

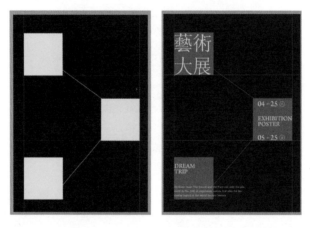

03 将版面中空余的部分单独勾勒出来，这时候就可以利用点、线、面的形态装饰空白部分，将自己的想法展示出来。

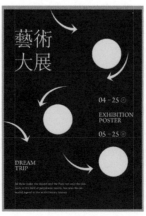

04 使用"椭圆工具" ◎ 在空白处绘制白色的圆点，然后使用"钢笔工具" ⌀ 勾勒出弧形，并单击鼠标右键，在弹出的快捷菜单中选择"描边路径"命令，接着在弹出的"描边路径"对话框中设置"工具"为"画笔"，设置"大小"为2像素。

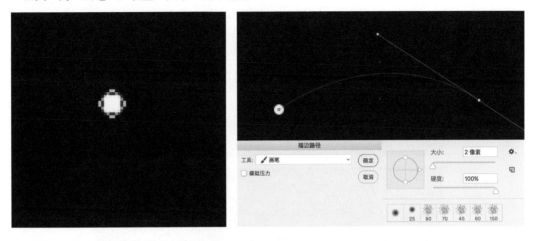

05 单击"图层"面板中的"添加图层蒙版"按钮 ▢ ，选择默认的黑白渐变，利用蒙版刷出线条渐隐的效果。

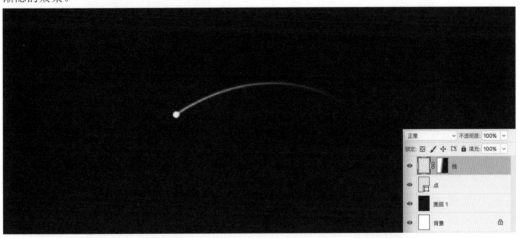

06 使用快捷键 Ctrl+G 将绘制的线进行组合，并进行多次复制，依次降低图层的"不透明度"并进行叠放，让线条有层次感。

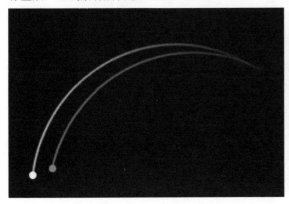
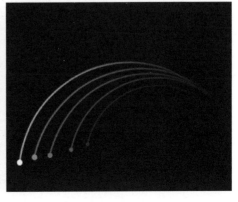

07 使用"横排文字工具" T.输入字母 A。然后选中文字图层并单击鼠标右键，在弹出的快捷菜单中选择"栅格化文字"命令，对文字进行栅格化处理。接着按住 Ctrl 键选择文字图层，得到选区，再将该文字图层前面的小眼睛关掉，留下文字的外框线。

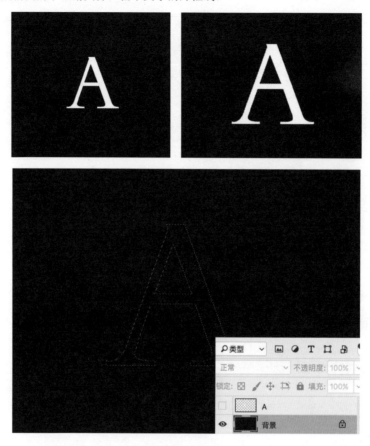

08 选择字母 A 并单击鼠标右键，在弹出的快捷菜单中选择"描边"命令，在弹出的"描边"对话框中设置"宽度"为 1 像素，得到镂空的描边字母图形。

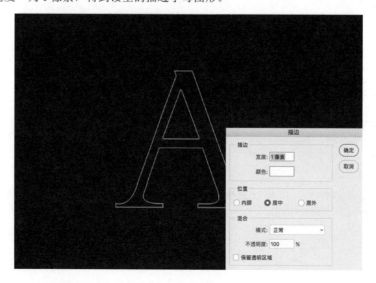

09 使用快捷键 Ctrl+G 将字母 A 图形的描边与字母 A 进行组合，并使用快捷键 Ctrl+J 复制出多个，依次降低图层的"不透明度"进行叠放，产生叠加的效果。

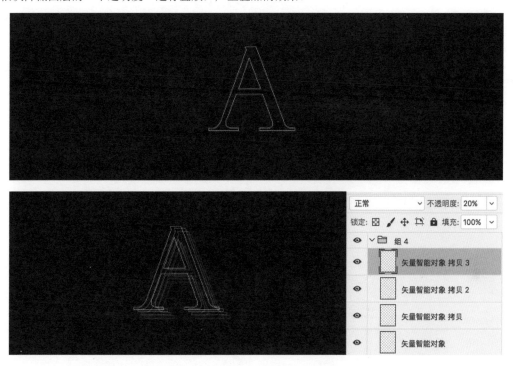

10 将线条和文字进行灵活摆放，巧妙地使文字与图形有了联系，线条从上而下有一种强烈的流动感。最后给背景添加一些肌理颗粒，让整个海报看起来更有质感。

2.2
平衡构图

很多人觉得自己设计的海报看起来很奇怪,很大一部分原因在于画面的视觉效果看上去不平衡。构图既有艺术性的发挥,也有设计结构的转换,只有画面达到平衡,视觉上才会让人舒服。

下图采用了对角线构图方式,主体在对角线上。这样可以利用对角线让人们的视觉均衡,整个画面也充满新颖感。

下图采用了压角的构图方式,将主标题放大摆放到 4 个角落,在画面中央构建与主标题相关的内容,以此达到构图的平衡。

下图采用了左右平衡的构图方式，利用主体所占位置达到左右平衡，并将左右信息有序排列。

下图利用了色块之间的比例分割关系将画面分成2∶8的两部分，利用图像上轻下重的视觉效果，将主题信息构建在比例分割线区域，达到画面的平衡。

2.2.1
平衡与对称的关系

·什么是对称

对称的形态可以在视觉上形成自然、安定、协调、庄重的美感，任何建筑、风景都有着非常自然的对称法则。对称的版面设计通常是静态的，它通过相似性体现平衡，给人一种庄重和稳定的感觉。

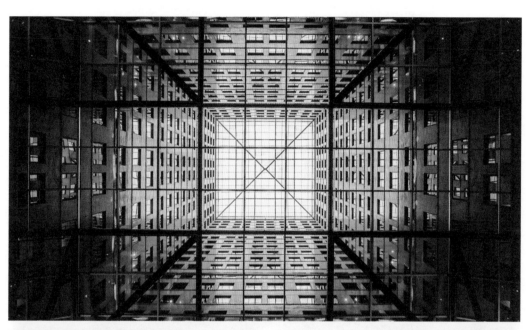

在海报设计中，对称构图一般用在比较正式的海报或书籍封面中。在使用对称构图法时，各元素均应置于版面的中心部位。

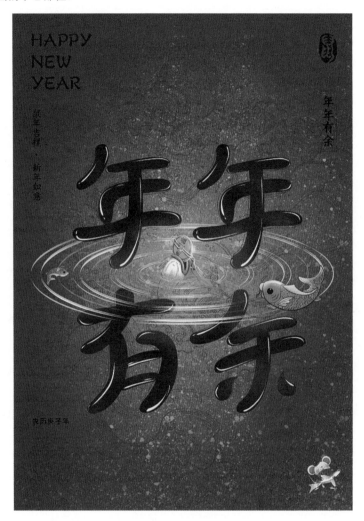

· 什么是平衡

虽然对称构图使海报的整个版面具有统一性，但在很多海报中大多缺少变化。而平衡构图则有更丰富的变化，当画面的对称关系被打破时，可以调整版面重心，改变部分形态、元素和信息等，让画面更富有变化。

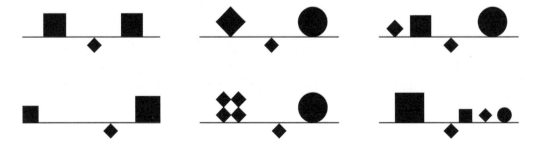

平衡构图可分为对称平衡构图和非对称平衡构图。这种平衡没有明显的对称轴，两边看上去并不相同，但却利用了非对称性的变化给人一种现代、充满力量和活力的感觉。

·对称平衡构图

对称平衡构图与对称构图相似，都能让版面更稳定，区别在于左右或上下内容并不是绝对一致的。一般对称平衡构图分为垂直构图和水平构图两种方式。

垂直构图

垂直构图是利用画面中上下垂直的直线构建画面的方法。垂直构图一般具有高耸、挺拔、庄严和有力等特点。

水平构图

水平构图的主导线是向画面的左右方向发展的，通常具有安宁、稳定等特点，可以用来展现宏大、广阔的画面。

·非对称平衡构图

非对称平衡构图指的是在不相似或不相等的要素之间创造秩序和平衡。由于非对称构图具有不可预见性，可发挥空间更大，因此在设计上也能带来更多的变化。非对称平衡的版面会给人一种动态、灵活、富有张力的印象。

对角线构图

采用对角线构图时，文案通常摆放在版面的对角线上，给主体留出更多的空间，让主体更显眼。

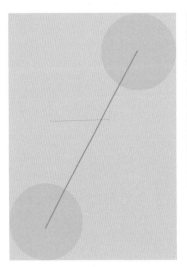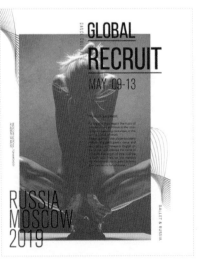

三角形构图

采用三角形构图时，可以使用正三角形，也可以使用斜三角形或倒三角形。这种构图方式具有稳定、均衡但不失灵活的特点，各主体间相互联系，又不显呆板。

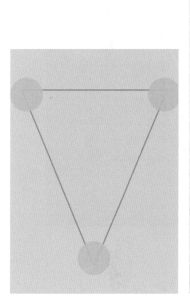

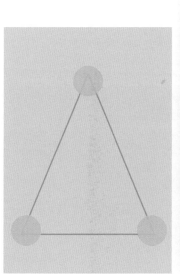

放射状构图

放射状构图指的是主体在画面中心，围绕中心以放射状添加一些点缀元素。这样的构图会让观者的视线更易聚焦于画面中心，给人的视觉冲击会更强烈。

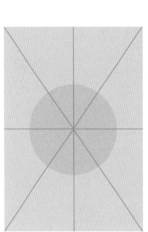

中心构图

中心构图是常见的构图方式之一，文案和主体都居中放置。需要注意的是，位于版心的主体要尽可能地出彩，利用设计技巧吸引观者的目光，这样才能避免版面看起来平淡、乏味。

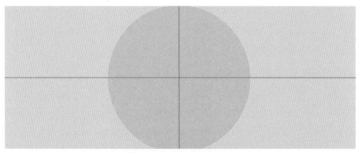

曲线构图

采用曲线构图的画面，主体呈蜿蜒之势，给人一种优美、柔和的感觉，画面中主体的曲线形态还可以起到引导观者视线的作用。常见的曲线构图有 S 形曲线构图和 C 形曲线构图等。

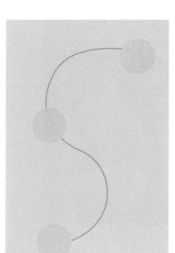 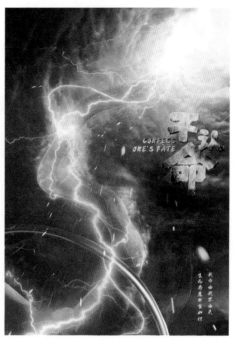

二分构图

二分构图也是常见的构图方式之一，将文案和主体分开放置，使其呈左右或者上下摆放的布局。

压角构图

压角构图指的是将主标题放大放置在版面的 4 个角落，同时在画面中央构建与主标题相关的内容，以满足平衡与绝对平衡的构图。

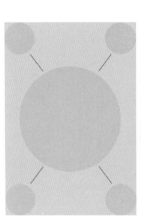 

满版构图

采用满版构图时，整个版面有一种被塞满的感觉，视觉传达直观而强烈，整体信息量比较大。注意，信息板块的划分一定要清晰，可以利用网格或者较为明显的间隔来划分信息板块。

> ⚠ 提示
> 对称和平衡是设计师采用的最基本的构图方式，它们不仅是构图方式，还是多变的思维方式。在设计中，可以灵活运用辅助线、网格等能辅助工具让设计更出彩。

2.2.2
案例：日本男孩节海报设计

本例是一张采用 C 形构图方式制作的海报。C 形线条元素具有延伸画面、富有变化的特点，各元素之间可以相互联系在一起，形成统一、和谐的韵律美。

01 新建文件，将"前景色"设置为黄色，然后绘制一条 C 形线条。沿着线条的延伸方向，将版面重心构建在曲线中轴位置。将文字信息按照 C 形线条的轨迹放置在版面中，以此让版面更具有韵律美。

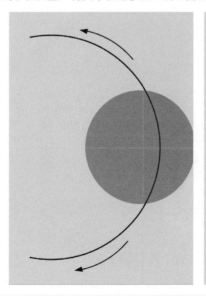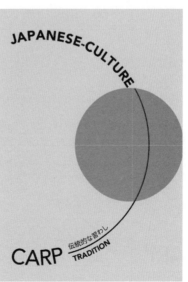

> ⓘ **提示**
>
> 注意：信息的展示要符合正常的阅读逻辑，并且可以给人良好的识别体验。

02 曲线构图虽然能大大提升版面设计的灵活性，但缺少重心与压制的画面无法达到良好的平衡。这里将重要元素鲤鱼旗放置在版面重心上，以此来构建新的平衡体系。

03 将主体文字和次要信息按重要程度依次放到画面中。虽然人们阅读文字的习惯是从左至右，但是在该画面中，可以竖排放置。这样既节约了空间，又能让整体风格得以统一。

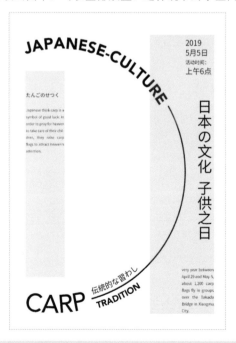

ⓘ **提示**

在整理信息时，可将原有的不重要的信息转换成符号或者点、线元素，以此让画面更简约。

04 可再放置一些与主题有关的元素和文字，让整个画面更丰富。

05 增加背景纹理，以提升画面的质感。为了让整个画面更稳定，在四周增加了 4 个小线条元素。

2.3
聚焦表现

　　在海报设计中，聚焦表现很大程度上能够解决设计的信息是否突出、视觉效果是否有吸引力、画面内容是否有记忆点等问题。当人们第一眼看到画面时被吸引的区域称为第一焦点。当然，不一定面积越大就越能有效地聚焦，也不一定越在视觉中心位置就越能体现出聚焦效果。设计师可以通过弱化其他物体或者延伸视觉引导线的方式展现聚焦点的主角地位。

　　如下图所示，从画面中可以看到第一聚焦点其实在人物身上，而非两侧的物体，并且恰恰正是两侧的高大物体给予了画面中的人物一定的挤压和聚拢，形成了聚焦表现。

　　如下图所示，就是利用了视线的延伸将两侧的物体弱化，并且引导观者视线至画面中心，也就是中轴区域，并且在中心区域辐射出一定的聚焦范围。

如下图所示,有时为了表现聚焦效果还会直接将远处的物体进行虚化处理,以此突出第一焦点。

在下面两张图中,第一张图中的信息繁多,无法很好地展现视觉焦点,第二张图弱化了四周的物体,并且利用光线与中心构图法,将观者视线全部聚集到中心物体上,带来了更好的视觉感受。

2.3.1
视觉聚焦

设计一张海报，需要注意视觉聚焦，这样才能达到迅速传播信息的目的。设计师可以运用图形、颜色和大小对比等区分信息的重要程度。下面分享几个聚焦观者视线的方法和技巧。

·焦点

当画面中出现一个"点"时，就可以形成视觉焦点，很快吸引观者的眼球，这种聚焦方法特别适合展示产品。

 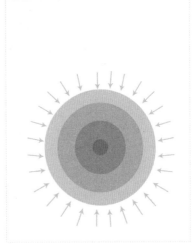

·对比

如果想表现画面的层次感，单个的焦点并无法满足，需要通过多个焦点来表现。但是多个焦点会让观者的视线分散，所以焦点之间的大小对比关系就显得尤为重要。

 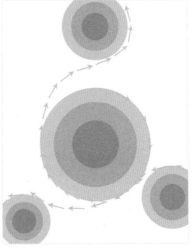

·亮点

亮点是指画面中某个物体或形状区别于其他元素和颜色，成为画面中的主体。下图中的主体利用了其与背景画面对比强烈的色彩和线条元素形成了画面的视觉焦点，引导用户的视线集中在线条区域。既能将观者的注意力集中到主体物上，又能让人享受线条形态带来的美感。

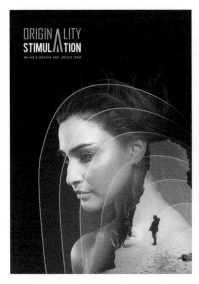 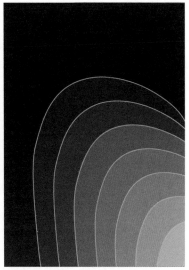

在平时设计海报的过程中，可能会遇到两个问题：一是焦点周围的元素对比不明显，导致整体画面很平淡，没有视觉焦点，二是没有弱化次要信息，导致每个内容都比较抢眼，反而影响了画面的平衡感。

如下面两张图，第一张图中西瓜元素大小均衡，让人第一眼就感觉整个画面很满、很拥挤，导致整体画面很平淡，并且其他元素和文字看起来都太过抢眼。经过优化得到第二张图，它的空间感更强，整体画面更通透，并且弱化了不重要的区域，看似内容很多，但是能让观者视线聚焦。

2.3.2
视线引导

除了运用视觉焦点展现重要信息或主体物，还可以利用引导技巧，这一点也是非常重要的。视线引导包括利用肢体动作、色彩暗示、方向引导等。

·肢体动作

利用肢体动作引导视线主要是通过人物或物体的各种姿势完成的。当利用肢体动作引导视线时，尽可能选择动作幅度大、夸张的人物或物体。使用人物作为主视觉元素时，需要结合文案、构图等，充分利用动作、表情和眼神完成视觉引导。

·色彩暗示

色彩暗示是指利用色彩的对比进行引导和突出焦点。从下面两张图可以看出，加入了色彩之后，会使画面具有一定的焦点，也让主体更明显。

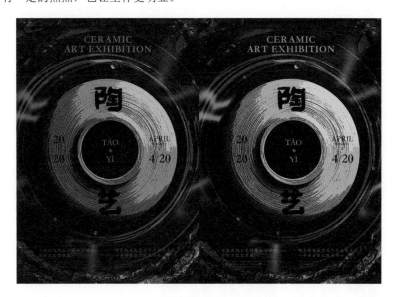

通过对色彩的合理运用可以着重突出主要信息，使色彩的反差最大化。如果在色彩的引导上，配以元素、动作的指向，那么色彩指向将会更加具有冲击力。

·方向引导

箭头和线条都具有明确的指向性，它们是引导观者视线的重要元素。这些元素不仅有着明确的指向性，而且还可以对画面进行分割，让画面更有层次感。

如果要体现出更明确的引导性，可以利用线条、箭头等元素对用户的视线进行方向上的引导。

2.3.3
案例：橄榄油海报设计

本例将运用视觉聚焦与视线引导制作一张海报，主要通过图形、颜色和大小对比等吸引用户的目光。

01 新建文档，将"前景色"设置为红色，然后使用快捷键 Alt+Delete 为背景填充颜色。接着将具有中国风的图形素材放入背景中。然后单击"图层"面板下方的"添加图层样式"按钮，选择"投影"选项。再在弹出的"投影"对话框中设置好投影参数，得到如下右图所示的效果。

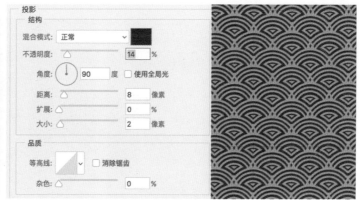

02 选择"椭圆选框工具" ○，在画面中心绘制一个圆形，然后单击"图层"面板下方的"添加图层蒙版"按钮 ◻，再使用快捷键 Ctrl+I 反向选择，将内部的纹理图案掏空。

03 选择"椭圆工具" ○，按住 Shift 键在画面中心绘制一个圆形，然后选择纹理素材，在绘制好的圆形图层上单击鼠标右键，在弹出的快捷菜单中选择"创建剪贴蒙版"命令，将纹理嵌入到圆形里。

04 使用参考线绘制画面中心点——使用单独的一个"点"来搭建版面结构，将主题文字有序地排列到中心区域，为打造视觉焦点做铺垫。

05 将产品图放置在中心的焦点区域，使文字围绕在产品图四周。然后使用快捷键 Ctrl+J 复制图层并填充黑色。

06 执行"滤镜 > 模糊 > 高斯模糊"菜单命令，设置好模糊数值，并降低不透明度，制作产品的阴影。

07 调整画面的亮度。单击"图层"面板下方的"创建新的填充或调整图层"按钮 ，选择"曲线"选项，然后在弹出的"属性"面板中拖动相关滑块，改变色彩的明暗和对比度。

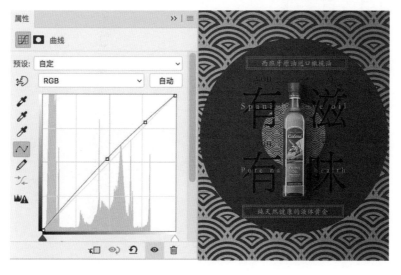

2.4
断舍离

　　《断舍离》本是出自日本山下英子创作的关于家庭生活类的书籍，主要讲述让人们如何断去对物质的迷恋，舍去真正不需要的东西，让自己处于宽敞舒适、自由自在的空间，追求一种自律的生活状态。而"断舍离"这种理念同样适用于设计领域。比如，有的海报看起来非常复杂、拥挤，没有美感，有的海报看起来虽然简单、干净，但却富有设计感。海报设计的最终目的是传达信息，但同时还要具有美观性。

2.4.1
如何让留白具有美感

　　很多刚接触设计的设计师会觉得留白就是什么元素都没有，画面很空，其实这是一个错误的观点。留白更多的是指当下的情绪和画面的构图形式，可以让画面更简洁，并且让人感觉意味深长。

对比下面两张图片，可以看到第二张图给人的感受更加舒适自然，内容表达也更加直观。

·透气和干净

留白能给人一种想象的空间。在设计时，很多人担心留下大面积的空白会引起不适。实际上，适当的留白可以让设计的重点更加突出。

当版面有大量留白，造成部分区域过于空白时，可以添加图形等元素来平衡画面，不过于喧宾夺主即可。

 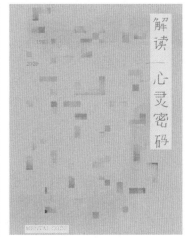

· 突出主体

设计海报版式的目的是吸引观者观看和记忆，并向其传达信息，所以，如果能够通过适当的留白将主体与其他要素分离，那么更容易帮助观者发现和记忆主体。文字与图片的距离可以有一定的松紧对比，这样元素之间的关系才会让人一目了然。

· 强调虚实空间

安排在版面中的内容可理解为实体，留白区域可理解为虚体。为了强调主体，可有意将其他部分弱化为虚体。

在平面上营造空间感，可遵循近大远小和近实远虚的原则，制造视觉重心，吸引观者的注意力。

 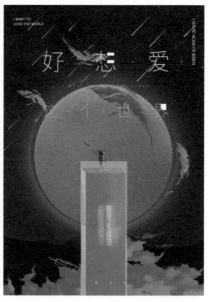

·引导视线，增加易读性

在海报设计中，不仅文字、图片和图形可以用来引导观者视线，而且留白的空间也可以用来引导观者视线。利用标题、图形、文字的编排制造留白的空间感，可以让留白变成隐藏的视线引导元素。

·增加留白区域

留白并不是添加白色，而是在画面中留出一定的空白。在这个留出的空白位置可以增加背景、肌理、装饰素材或少部分文字。

· 留白不是必需的

留白并不是越多越好，也不是只要留白就能得到好的设计。留白是根据设计信息的多少、主题表达的风格和文案的需求来定义的。

下面这张海报以满版设计的方式表现毛笔字和整幅海报要表现的气魄。但是，如果为了留白故意调整版面，就能看出整个画面的风格被完全弱化了。

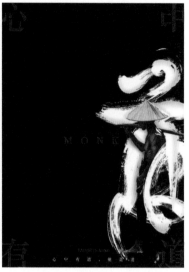

下面这张海报本身就留了一定的空白来体现整个海报的气质。但是，如果为了提升设计感，故意增加留白区域，反而会影响整幅海报的平衡感。

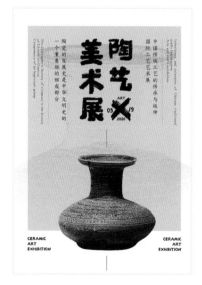

所以，在留白时不是为了留白而留白，而是为了提升海报本身设计的美感和一定的风格。

2.4.2
案例：书籍封面设计

本例的封面使用了大量留白。在设计本例时，绘制了大量抽象的图形来凸显内容的神秘感。

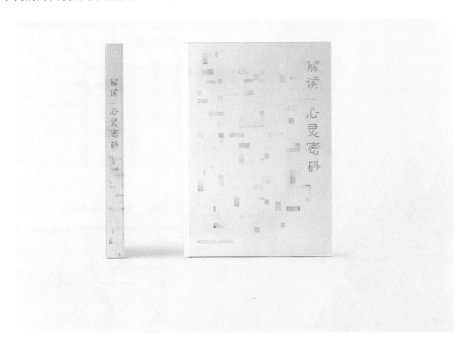

01 新建文档，然后打开背景素材并放置到画布上，降低不透明度，效果如下图所示。

02 输入主题文字，然后将文字进行栅格化处理，再使用"套索工具"框选文字的部分笔画改变其位置，如下图所示。

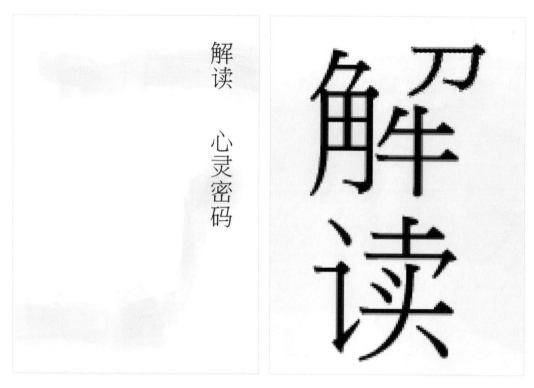

03 将每个文字拆开并移动位置和改变大小，如下左图所示。然后使用"矩形工具"绘制图形，如下中图所示，在画布中摆放绘制的矩形，如下右图所示。

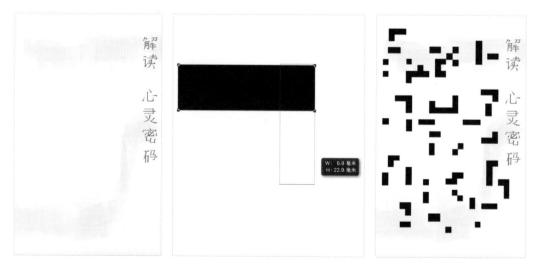

04 将背景素材放置在画好的图形图层上方，然后在图层上单击鼠标右键并选择"创建剪贴蒙版"命令，将背景素材嵌入到图形中，如下左图所示。接着单击"图层"面板下方的"创建新的填充或调整图层"按钮 ◐，在弹出的菜单中选择"曲线"命令，调整曲线，将画面整体进行提亮，如下右图所示。

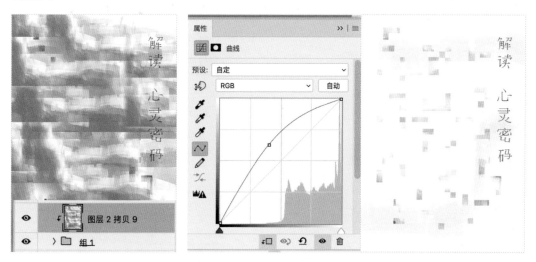

05 在画面左侧的上下位置各增加一些小字，用来填补一定的空缺，让画面达到平衡。

2.5
层级关系

合理的层级关系有利于人们阅读版面中的信息。海报版面的层级需要根据图像与元素、文字与元素和文字与文字之间的关系来确定。

2.5.1
画面内容的层级处理

一个画面中的主要构成部分无非图像、图形或文字。在设计海报时，设计师要先理解什么是主体，再去辨别其他元素。

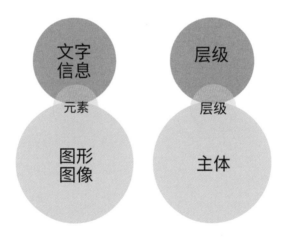

如果不对画面中的各个元素进行层级的处理，那么画面中的文字、图形和图像就会显得没有秩序感，导致没有视觉重心。对画面中的元素进行层级处理以后，画面就会有视觉重心。

　　主次关系越清晰、明确，就越容易打造视觉焦点，增强识别性，使观者印象深刻。层级关系越少，版面越简约；层级关系越多，版面越丰富。

　　除了以上对各元素的层级处理，还有对文字信息的层级处理。文字除了有传达信息的作用，还有使版面更美观和协调的作用。如果没有利用好文字的层级关系，就会造成信息主次不够清晰，使海报设计没有视觉焦点，如下图所示。

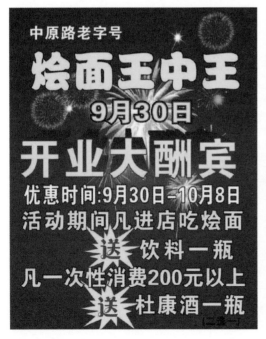

所以，在设计时需利用字体的大小、粗细、颜色、位置和形态对文字信息进行层级处理。

　　层级关系越多,文字的节奏感就越强。但随着层级数量的增加,版面设计难度也随之增加。相对来说,3~5 个层级比较容易控制。如果层级之间的差距过小,画面的内容就显得拖沓、笨重;若差距较大,画面的内容就变得更清晰。

　　如果元素的大小相近,层级关系就难以区分,导致缺少视觉焦点,还会让画面显得没有重心,无法让人集中精力观看。

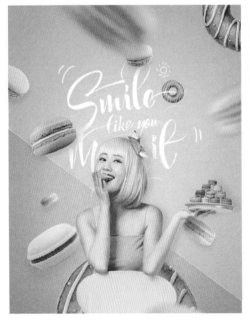

在海报设计中，不是所有的海报都需要使用图像，所以层次关系的处理还需要辅助元素，使整体版面看起来完整、有张力。

利用层级关系，结合版面中的点、线、面及各种构图方法，将图像、图形、文字信息单独拆分解读，进行层级处理，可以设计出非常多变、识别性强的海报。

2.5.2
案例：英语培训海报设计

本例设计的是一张与英语培训有关的海报。整个画面以字母形态的图像为主体，同时利用辅助元素和线条制作背景纹理，并与主体分隔开。另外，还将拆开的单词的各个字母放在了主体的四周，增加了与主体的联系，从而凸显视觉焦点，使画面更有层次感。

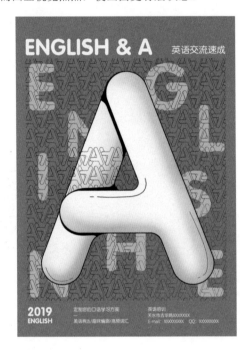

用解剖的方式将设计的画面一层一层拆分出来，如下图所示。

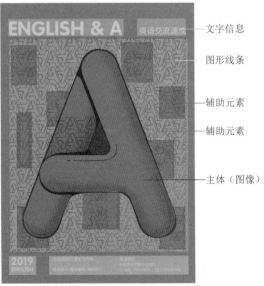

01 新建文档，将背景填充为蓝色。使用"圆角矩形工具" ▢ 绘制椭圆形长条。接着选择椭圆形长条，按 E 键，利用鼠标将其调整至合适的角度，再将长条形状进行复制和组合。

02 拼合两个形状，最终形成一个字母 A。

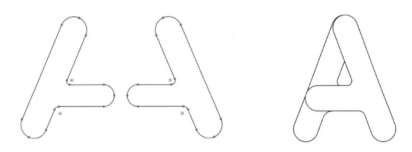

03 将字母 A 进行重复叠加平铺在画布上作为纹理，看起来复杂，却与主体有一定的关联性。将拆分的单词构建在纹理框架之中，看似简单却能为简单的设计增加很多层次感。

04 复制前面制作的字母 A，并将其放大作为主体。然后用笔刷涂抹字母，刷出一定的明暗关系，让主体的形态更立体。

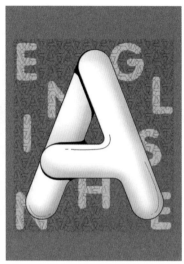

05 为了让主体与其他辅助元素有更好的联系，用纹理图形遮盖住主体的一部分区域，以此形成一定的联系。最后调整字体的粗细、大小和位置。

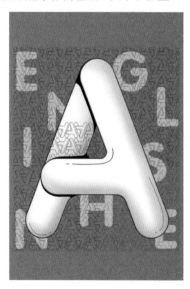

> **❶ 提示**
>
> 版面中各元素的层级关系，简单来说就是主体、文字信息及辅助元素这 3 大类元素的层级关系。其中，主体不一定是图像，也可以是文字或图形。层级关系的区分是根据画面本身的文字信息或需求来调整的，信息量越多，版面设计的难度就越大，但画面的节奏感也会越好。

2.6
冲突变化

　　文字设计与图形设计有其相对的独立性，灵活运用文字的特点，可以营造出自由、灵活、多变、丰富且具有想象力的视觉效果。在设计海报时，有时文字在画面中会存在主次不分明的冲突，造成阅读困难，但同时也会因为冲突的视觉构成新的设计美感。

2.6.1
文字与图形的关系

　　文字与图形是平面设计的两大要素，是符号和元素的体现。在海报设计中，文字和图形同等重要。如果将文字从版面中去除，版面就是失去了交互性。

　　观察下面两张海报，可以发现，当文字与图片是独立的个体时，画面显得有些单调，并且缺乏完整性；当文字与图片形成对立、冲突时，画面的设计就会显得既有张力，又具有一定的设计感。

再观察下面两张海报，可以发现，左边的海报虽看起来版面工整，有一定的秩序性，但是跳舞的人与版面内容缺少一定的关联性，也就是失去了交互性；右边的海报用线条将跳舞的人物与主题文字融合成一体，既展示了与舞蹈的相关信息，又体现出了动态的美感。

那么，为什么文字与图片产生冲突后反而能更好地诠释画面呢？我们回到文字与图片本身。在一个画面中，图片与文字一个用来表达内容，一个用来展示信息，所以在设计画面比较工整或信息清晰、直接的画面时，就会将图文分开，以得到和谐的秩序性。

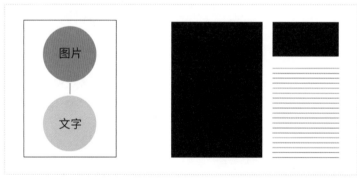

如果想表现画面非秩序性的美感，可以利用图文混合的形式灵活地体现整个版面的变化。

在设计中，不仅文字与图片存在冲突关系，图片与图片、图片与元素、线条与文字之间都存在一定的冲突关系。利用冲突可以打破设计的常规性，但切勿滥用冲突造成画面不平衡。

> **！提示**
> 　　本质上冲突与不冲突只存在于主题的需求和风格设计的诉求上，所以只要注意了版面的秩序性，基本上可以算是好看的作品。

2.6.2
案例：音乐节海报设计

本例利用文字与图形元素之间的冲突关系设计出了工整却又带有一定动感的海报。在设计时，将文字放大作为主体，然后将图形元素融入文字内，营造出一定的变化，再利用文字信息的遮挡为海报版面的设计带来更多的新颖感。

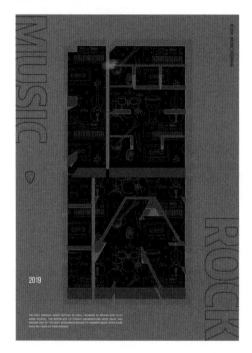

用解剖的方式将设计的画面一层一层地拆分出来，如下图所示。

① 提示

　　将海报中所有的内容拆分出来后，可以发现其实每一层内容都比较工整。在这种情况下，利用冲突、变化进行设计，可以让画面的视觉感更强。

01 新建文档，将背景填充为红色，然后在画布内输入"摇滚"二字，并复制一个文字图层进行叠层处理，以此呈现出扁平偏立体的风格。

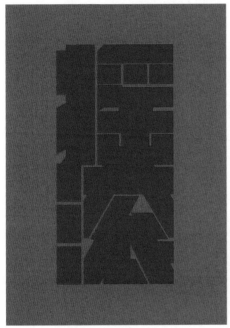 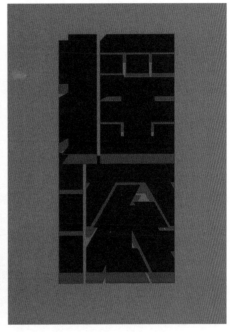

02 单击"图层"面板下方的"添加图层样式"按钮 _fx_ ，在弹出的对话框中选择"描边"和"图案叠加"复选框，增加纹理细节。

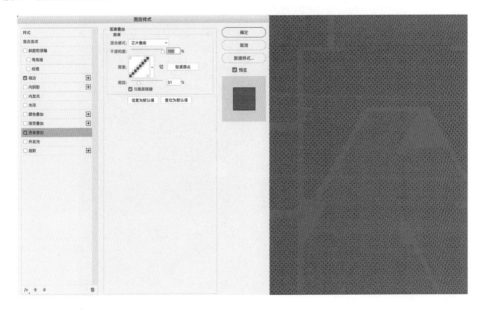

03 将与主题有关的图形和元素嵌入到主体文字中，将主体文字作为图像使版面不那么单一。在对文字进行排版时，将文字内容放置画布的左下角与右上角。

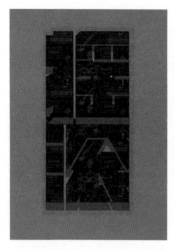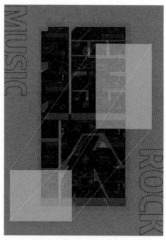

04 将文字有序地放置在设置好的框架内。需要注意的是，当将文字放在图像上时，需要让图像保持内容的清晰，不宜遮挡过度，否则会导致辨识度变低。

03

第 3 章

色彩与配色

3.1
巧用色彩对比

对比指的是把存在一定区别的元素安排在一起，进行对照比较的表现手法。色彩的对比是色彩设计的一个重要原则，无论是绘画还是设计，都离不开色彩的对比。色彩的对比有三原色对比、色相对比、纯度对比、明度对比和面积对比等类型。

3.1.1
色彩基础知识

· 三原色

在学习配色之前，要先了解什么是原色。三原色是指色彩中不能再分解的 3 种基本颜色。人们通常说的三原色，是色彩三原色和光学三原色。

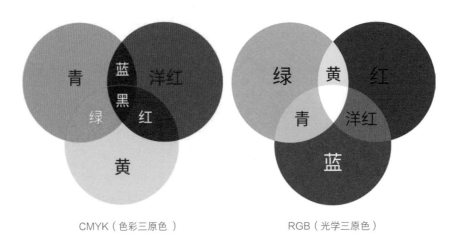

CMYK（色彩三原色）　　　　　　　RGB（光学三原色）

需要注意的是，色彩三原色（CMYK）指洋红、黄色和青色，也就是印刷用色。光学三原色（RGB）指红色、绿色和蓝色，也就是电子屏幕显示的颜色。三原色不能被其他颜色调和出来，因为它的颜色纯度最高，所以三原色的对比属于最强烈的色相之间的对比，视觉冲击力非常强。

·色相

　　色相对比是指两种以上色彩混合后，由于色相差别形成的对比效果。色相对比的强弱程度取决于色相之间在色相环上的距离（角度），距离（角度）越小，对比越弱，反之，对比越强。色相对比有同色相对比、邻近色对比、间色对比和互补色对比 4 种方式。

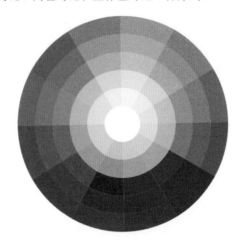

　　同色相对比是指同一色相不同明度与纯度的对比，色调统一。这种对比方式很容易掌握，仅仅改变一下色相，就会使总的色调得到改变。当同色相色彩和明度与纯度稍高的色彩组合在一起时，则会给人一种高雅、文静的感受；反之，则会给人一种单调、平淡、无力的感受。

　　邻近色对比与同色相对比相比，更丰富和活泼一些，颜色更鲜明，更容易被看见。邻近色的两种颜色在色环上间隔 90°。

间色对比比邻近色对比更鲜明、强烈和饱满，容易使人兴奋、激动，但也容易造成视觉疲劳。间色的两种颜色在色环上间隔120°。

互补色要比所有对比色更完整、更丰富、更强烈，并且更富有刺激性。互补色的两种颜色在色环上间隔120°~180°。但互补色的缺点是会让人感到不安，所以一般用于促销性的刺激性海报。

下面是4种色相对比的案例。

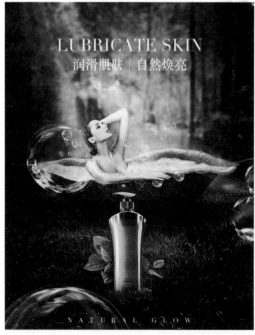

同色相对比

邻近色对比

间色对比

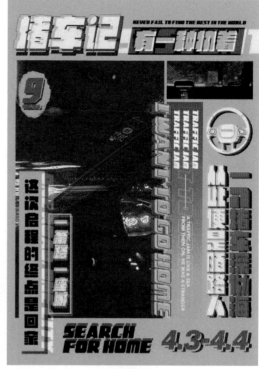

互补色对比

· 纯度

　　纯度即色彩的纯净程度。纯净程度越高，色彩越纯；相反，色彩越不纯。当在一种色彩中加入黑、白或其他颜色时，纯度就会产生变化。加入的其他色彩越多，纯度越低。根据纯度变化可将色彩划分为高纯度、中纯度和低纯度 3 个类别。

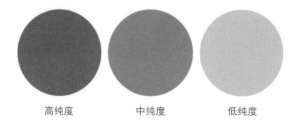

高纯度　　　　　　中纯度　　　　　　低纯度

　　高纯度色彩华丽、活泼，低纯度色彩含蓄、内敛，中纯度色彩沉静、优雅。色彩的纯度对比可归纳为以下 4 种形式。

高纯度色彩与高纯度色彩　　中纯度色彩与中纯度色彩　　低纯度色彩与低纯度色彩　　高纯度色彩与低纯度色彩

高纯度色彩与高纯度色彩对比，画面效果刺激，可以利用黑白两种色彩来分隔色块，以取得和谐的效果。中纯度色彩与中纯度色彩对比，画面给人一种温和、稳重之感，可以利用明度对色彩进行调和。低纯度色彩与低纯度色彩对比，画面统一含蓄、朴素沉静，适当拉大明度的差异会让画面整体效果舒适很多。高纯度色彩与低纯度色彩对比，这种色彩适合的领域较宽，可华丽，也可沉静，其色彩效果取决于色彩面积的大小和色彩的主次关系。

高纯度色彩与高纯度色彩　　　　　　　　中纯度色彩与中纯度色彩

低纯度色彩与低纯度色彩　　　　　　　　高纯度色彩与低纯度色彩

·明度

明度对比是指色彩明暗程度的对比。明度对比有两种类型：一种是同色相的明度对比；另一种是不同色相的明度对比。

同色相的明度对比　　　　　　　　　　不同色相的明度对比

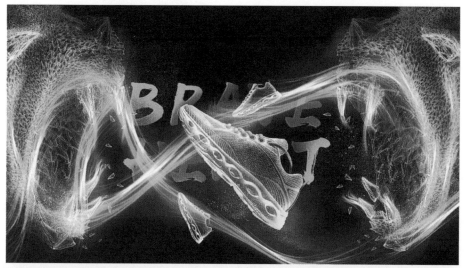

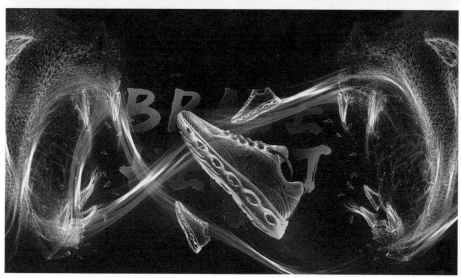

　　明度差异越大，对比越强；明度差异越小，对比越弱。明度对色彩的影响很大，如果色彩明度关系混乱，画面将失去和谐之感。色彩的明度有高明度、中明度和低明度之分。

　　高明度：以高明度色彩为主进行色彩搭配，即用高明度的色彩构成画面的主色调，形成一种优雅的亮调，画面色彩轻松、温和且明亮。

　　中明度：以中明度色彩为主进行色彩搭配，画面色彩含蓄、庄重。

　　低明度：以低明度色彩为主进行色彩搭配，即用较黑和较暗的色彩构成画面的主色调，画面看起来沉静、严肃、文雅且忧郁。

·面积

　　面积对比是指色块在画面中所占面积大小的对比。当几种色彩的面积相当时，这几种色彩的对比效果最强。如果一方面积减小，则对比程度减弱，面积的差距越大，对比越弱。

3.1.2

互补色对比

互补色要比所有对比色更丰富、更富有刺激性，但因其色彩反差大，对于色彩的把控难度较大，所以下面着重讲解互补色的配色方法。

·什么是互补色

互补色是指在色环上间隔120°~180°的两种颜色，如绿色与洋红、红色与青色、黄色与蓝色。

当一个人长时间观看某一种刺激的色彩后，大脑中会自动出现平衡这个色彩的欲望。当互补色并列放在一起时，会形成强烈的对比，会让人觉得红的更红、绿的更绿。

这种互补色代表着大脑和眼睛的正常色彩反馈。用双眼长时间盯着一块红布看，然后迅速将视线移到一面白色的墙上，就会感觉白色的墙上闪过绿色。这种视觉残像的原理表明，人的眼睛为了获得自身的平衡，总要产生出一种补色进行调剂。

这种互补色配色方式常用于各大购物 App 的界面，既能帮助用户更好地辨别每块区域的信息，又能起到很好的补充心理欠缺色彩的作用。

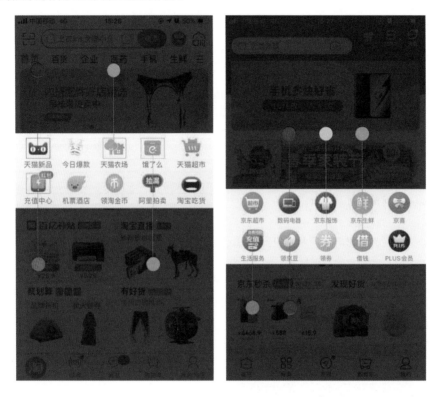

很多人使用互补色配色时，经常会出现配色太过扎眼或看起来色彩很怪的情况，所以下面讲解使用互补色配色时需要注意的问题。

· 互补调色

互补色的色彩反差很大，所以一般会进行补充调色。使用色环中相邻的色彩补充调色，可以让互补色更稳定，也可以利用黑、白、灰来调节互补色的明度、饱和度，使整体色彩更平衡。

从下图可以看出，除了互补色搭配，设计者还利用了一些相邻的颜色进行调和，既可以让色彩看起来舒服，又能提升整体画面的色彩层次。

· 互补画面占比

海报中除了文字有主次之分，色彩也有主次之分，所以，一般画面中的主色调、辅色调和点缀色的占比需要控制好，让色彩更平衡。

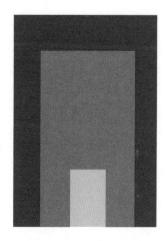
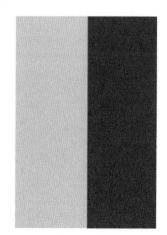

　　从下图可以看出，设计海报时可以利用版面的分割来填充不同的色块，分割的比例也就是色彩在画面中的占比。

· 饱和度和明度对比

饱和度是指色彩的鲜艳程度，也称色彩的纯度。明度是指颜色的明暗程度，对同一色相来说，饱和度和明度的变化是紧密相关的。

饱和度（纯度）

明度（亮度）

画面的体积感是由明度和纯度来决定的，饱和度（纯度）高会让画面看起来更有体积感，饱和度（亮度）低会让画面看起来更轻。

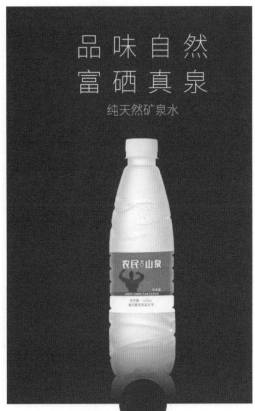

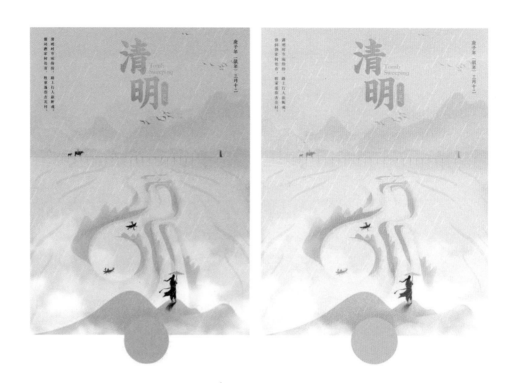

在设计一张海报时，如果配色效果不好，可以适当调整颜色的明度和纯度，改变整体的轻重关系，从而让画面看起来更加舒适一些。

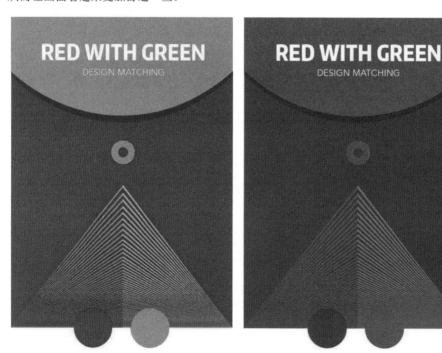

3.1.3

冷暖对比

冷暖的感觉本是人们对外界的触觉反应，出于人们的生理需求和人们生活在色彩世界里的经验，使人的视觉逐渐变为触觉的先导。例如，当人们看到红色和黄色时会感到很温暖，而看到蓝色、青色和绿色会感到很冷。

暖色调色彩会让人在生理上产生兴奋、积极、躁动的感觉，冷色调色彩会让人在生理上产生镇静、压抑的感觉，如下图所示。

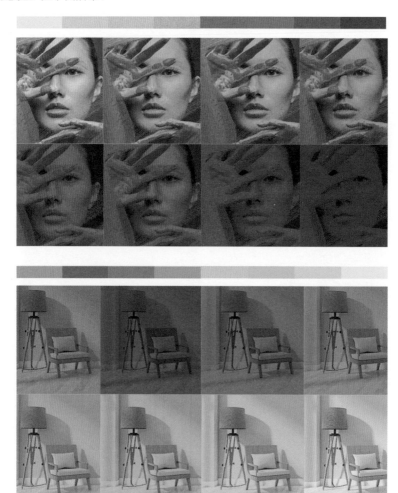

色彩可分为暖色、中性色和冷色这 3 种色调。暖色调包括红色、橙色和黄色，冷色调包括青色和蓝色，中性色包括紫色和绿色。紫色介于红色与蓝色之间，绿色介于黄色与蓝色之间。

在设计海报时，如果只用冷色或暖色，可能让人产生视觉疲劳，进而影响人们欣赏画面的感受。所以，设计者要利用好冷暖色彩形成的平衡感，让画面的色彩既能体现出设计主题，又能增强画面的氛围，如下图所示。

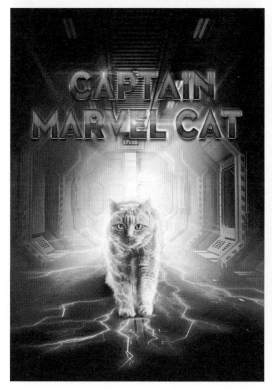

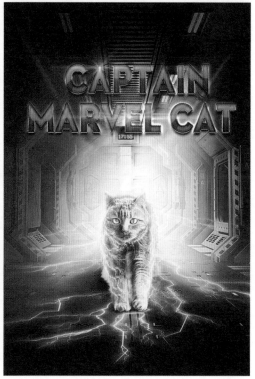

如果想增加画面的层次，可将冷色与暖色放在不同的层次上，拉伸画面的空间感。例如，暖色会给人向前冲击的感觉，冷色会给人往后退的感觉，如下图所示。

如果缺少了色彩平衡的支撑，色彩的表现就会显得乏味，并且缺少明显的视觉焦点，而色彩达到了平衡，画面也会更加有层次感，如下图所示。

下图虽然配色比例相差很大，但是仍能维持色彩的平衡。这是因为通过冷暖配色可以让色彩处于一种温和的配比状态。需要注意的是，一般配色的比例要保持在 7∶2∶1 或 5∶3∶2，才会让画面有一定的重心和层次感。

3.1.4
案例：潮鞋海报

本例使用了经典的中心构图法，在视觉焦点集中展现出了海报的主体——所要展示的产品，并且运用了冷暖色调，不仅让画面显得青春、有活力，还提升了整体设计的丰富性。

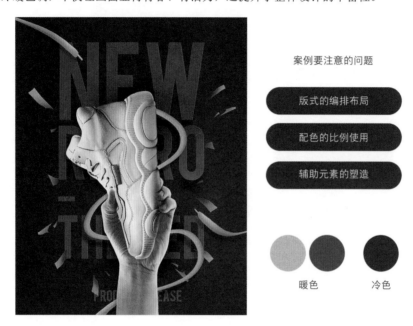

案例要注意的问题

版式的编排布局

配色的比例使用

辅助元素的塑造

暖色   冷色

01 新建文档，然后为背景填充蓝色，输入文字并填充红色，这样可以让文字具有向前冲击的视觉效果。

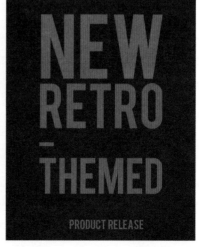

> ⓘ **提示**
>
> 搭配冷暖色调时不一定要使用纯色，可以降低颜色的饱和度和明度，让色彩看起来更加舒服。

02 为文字制作一些投影，让文字看起来不那么扁平。如果画面中的色彩看起来不舒服，也可以增加一些相邻的色彩作为点缀色，提升画面活力。

> **ⓘ 提示**
>
> 配色的比例可以适当调整，让色彩看起来比较平衡。

03 本例采用的构图法是常用的中心构图法。将产品放在画面中心，并与文字交错放置，注意文字与产品之间的比例要适当。

04 使用"钢笔工具" ⌀.绘制鞋带的形状,然后为形状填充黄色,并结合黑色笔刷绘制鞋带的明暗关系,提升鞋带的质感。

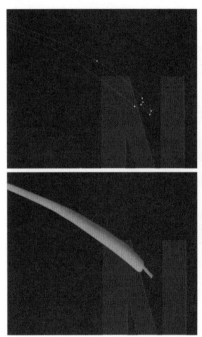

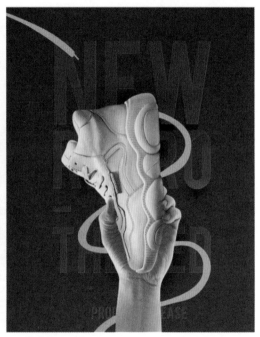

05 将鞋带缠绕在主体的四周,并且增加碎纸作为点缀元素,以此来提升画面的促销感。

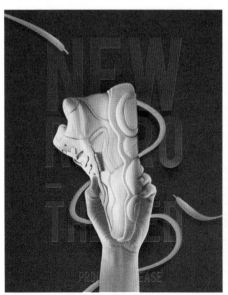

3.2
抓住色彩多变的性格

　　色彩是美的基础，无论是广告、杂志还是食品包装都离不开色彩。善于运用色彩，是凸显个性和进行宣传的重要手段之一。任何色彩的表现都具有积极的一面和消极的一面，色彩的性格和表现对人们的视觉感受有很大影响。

3.2.1
色彩象征的意义

　　在日常生活中，各种色彩都影响着人们的心理和情绪。有些色彩会让人感到振奋、激动和温暖，还有一些色彩会刺激大脑，使人感到头痛、烦躁和疲劳。造成这种现象的原因，便是色彩对人的情绪的影响。

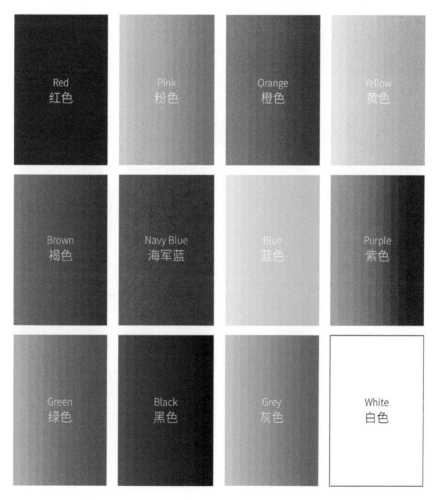

红色会让人联想到火焰、鲜血等，能让人感觉到自信、充满能量。不过，负面影响是容易造成心理压力，所以红色会更多地出现在促销活动和节日的场景中。

粉色给人一种温柔、甜美、浪漫和可爱的感觉，相比红色更具有安抚情绪、治愈的效果。不过，负面影响是粉色会给人太过年轻的感觉，所以显得不够专业。

橙色给人一种醒目、温暖、有活力的感觉，相比红色更平和一些。不过，负面影响是它还会给人一种焦躁、喧闹、不稳定的感觉。

黄色给人一种警示、开心、希望、刺激的感觉，所以，看到黄色，人们最先想到幸福、快乐，并且黄色还有增进食欲的作用。负面影响是有时会给人挑衅、被欺骗的感觉。

褐色给人安定、典雅、平和的感觉，以及成熟、稳重的信任感。负面影响是容易造成画面保守、单一、枯燥无味，缺少青春活力。

深蓝色象征着威望、专业、科技性，有更强的被认可和信任的效果，所以，常常用于企业化的海报设计。负面影响是会让画面看起来冷淡、无情，无法让人接近。

天蓝色象征着理想化、诚实、天然、单一，并且它是一种更自然的色彩，容易被大众接纳。缺点是太过平静化，缺少活泼的动感。

紫色象征着优雅、浪漫、神秘和性感，它平衡了红色的刺激与蓝色的平静，所以也象征着高贵。缺点是它会使画面显得过于忧郁，给人一种太过高傲和难以掌控的感觉。

绿色给人无限的安全感，并且象征自由、健康和活力。缺点是有时会使画面不够个性。

黑色给人一种高端、有威望、严肃和充满力量的感觉。它可以用于表现压抑、恐惧、悲哀、孤独等比较极端的情绪。

灰色是一种很随和的色彩，可以与任何颜色搭配，所以灰色更具有平衡、秩序、理智的特点。但有时灰色带有一种过于悲伤的气息。

白色是一种更完美的平衡色彩，具有纯洁、梦幻、干净和安静的特点。但有时会给人孤独、恐惧或不安的感觉。

ℹ 提示

在面对众多色彩时，设计师可以根据设计的主题、要设计的海报风格合理利用色彩。

3.2.2
情绪化的色彩

色彩作为一种视觉语言，具有强烈的视觉冲击和暗示作用，可以充分表现出人类的情感和意识。经验丰富的设计师往往能够借助色彩，唤起大众更多心理上的感受。

色彩本身是没有灵魂的，但是人们可以感受到色彩带来的情感。这是因为人们长期生活在丰富多彩的世界里，积累了许多视觉上的感官体验，一旦受到外界的色彩刺激，就会引发人的某种情绪。下面做一个色彩小测试，大家可以感受色彩给情绪带来的影响。

观察下面3张不同色彩的图片，每种色彩带给人的感受是不一样的。蓝色的图片显得更专业，值得信赖一些，黄色的图片更醒目一些，褐色的图片让人有种想要睡觉的感觉。

再看下面一组图片，黄色的这张海报更让人有食欲，而灰色和绿色的海报则会让人缺少购买的欲望。

设计者可以利用每个色彩代表的性格去表达当下的设计主题。下面以地产海报为例，讲解不同色彩的运用。

A 海报中的色彩有蓝色、红色、黄色和黑色。蓝色传递给人一种信任感，红色传递给人一种促销感，黄色可以让画面更醒目，所以，观者从海报中可以感受到一种满怀憧憬、拥抱未来的感受。

B 海报利用紫色的神秘感和土黄色的稳重感让人有一种等待惊喜的感觉。

C 海报中金黄色的渐变效果给人一种奢侈、尊贵的感觉。

D 海报中红色带来的促销感非常适合开业、晚会、发布会等喜庆的场景。

E 海报中黑色的背景显得高档，并且增加了黄色后体现出了奢侈与大牌的质感。

F 海报利用红色、橙色和蓝色营造了年轻和时尚的氛围感，也有促进购物的作用。

理解不同色彩的象征意义，在实际设计中就可以充分发挥色彩的作用。对于不同行业、节日等类型的设计，也可以结合色彩能给人带来的情绪来帮助人们理解设计的目的，如下图所示。

春节　　　　　　　清明节　　　　　　　教师节　　　　　　　七夕节

妇女节　　　　　　　冬至节　　　　　　　端午节　　　　　　　中秋节

色彩在某些方面也可以说是情绪的释放，如下图所示。下图为摇滚音乐节的海报，该类型海报的最大特点就是要足够张扬，体现出一种释放情绪的感觉。通过下面 4 种色彩的对比可以看出，黑白风格看起来更安静且单一化一些，无法很好地激发人们观看的欲望；增加了一些青色和黄色后，风格显得小清新，但还是缺少热闹的氛围感；增加了粉色的背景以后，画面看起来更加年轻化一些；最后将色彩改为红色和蓝色，营造出了很热闹的氛围感，并且画面效果更具有张力。

3.2.3
案例：彩虹电音海报

　　本例运用了大量的彩虹色来贴合彩虹电音海报的主题，并且电音类的海报整体风格比较年轻、前卫。除了要在色彩上体现出年轻的特点，还需要利用很多特殊处理来体现前卫与梦幻的氛围感。

01 使用"钢笔工具" ♪,绘制若干个不规则的图形，然后使用"渐变工具" ▇对色块进行填色，可以选择比较青春和有活力的颜色，如下图所示。

> ⓘ **提示**
> 当对色块进行填色时，尽量保证每个色块的颜色有一定的区别。

02 执行"滤镜 > 滤镜库 > 粗糙蜡笔"菜单命令，制作出纹理效果。当然，还可以制作一些其他效果，让画面更有艺术感，如下图所示。

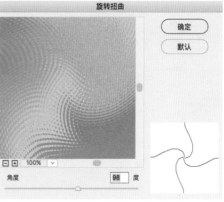

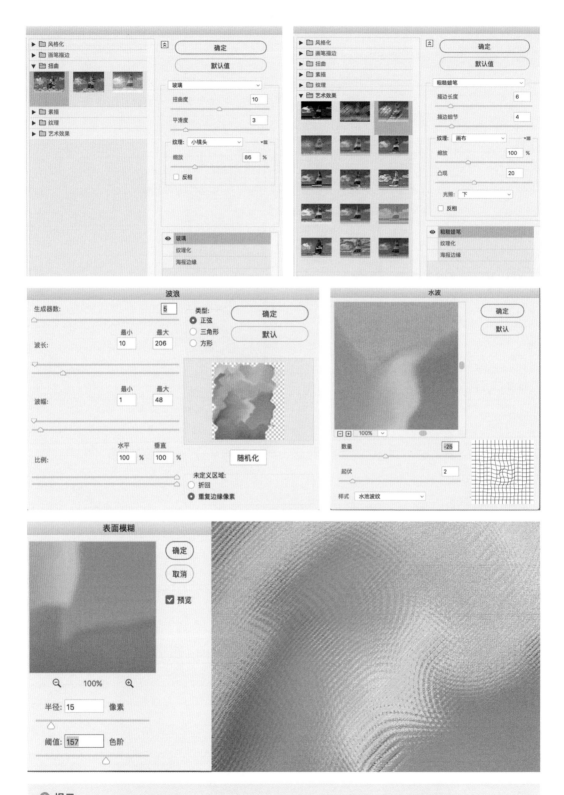

❗ 提示

关于纹理参数的设置可以根据具体的需求来调整。

03 复制"背景"图层，执行"滤镜 > 滤镜库 > 旋转扭曲"菜单命令，让画面有一种扭曲且富有艺术感的效果。

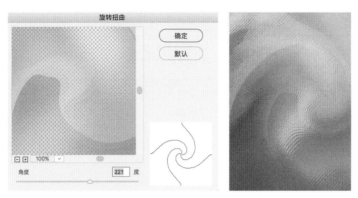

04 在画布中心绘制一个圆形并放置文字信息。注意：文字信息切勿放置得过于紧密，各段文字之间需要留有一定的空间。

05 执行"滤镜 > 滤镜库 > 风格化 > 风"菜单命令，给画面增加一些粗糙的纹理，让整体画面更符合电音的氛围感。

3.3
利用时间表现色彩

时间也是有颜色的，白天是白色的，夜晚是黑色的，黄昏是橙色的……每一刻的颜色都不同。时间就像魔法师一样，让我们生活的世界五彩斑斓。

3.3.1
时间与色彩的关系

色彩与时间有很大的关系，例如，清晨天空的颜色与傍晚天空的颜色就有很大的区别。当想表现重生的主题时，可以用代表清晨的绿色去表现，而不能用代表傍晚的暖黄色去表现；当想表现压抑的气氛时，可以用代表夜晚的色彩，而不能用代表白天的色彩。色彩的选择可以从时间中寻找答案。

古人把一天划分为十二个时辰，每个时辰相当于现在的两小时，即子、丑、寅、卯、辰、巳、午、未、申、酉、戌、亥。每两个小时色彩都会发生很多改变。

子时 ｜ 半夜
23:00—01:00

丑时 ｜ 鸡鸣
01:00—03:00

寅时 ｜ 平旦
03:00—05:00

卯时 ｜ 日出
05:00—07:00

辰时 ｜ 食时
07:00—09:00

巳时 ｜ 隅中
09:00—11:00

午时 ｜ 日中
11:00—13:00

未时 ｜ 日映
13:00—15:00

申时 ｜ 哺食
15:00—17:00

酉时 ｜ 日入
17:00—19:00

戌时 ｜ 黄昏
19:00—21:00

亥时 ｜ 人定
21:00—23:00

　　23:00—01:00 属于子时。这是十二时辰的第一个时辰，也是夜色较深的一个时辰。23:00 的色彩具有鲜明的明暗度与光感度，可以代表黑暗、懦弱、挣扎与安静。

　　01:00—03:00 属于丑时。这时的颜色既带有沉睡的暗色，也带有混沌初开时的颜色，所以具有挣扎、宁静、净化和梦幻的特点。

　　03:00—05:00属于寅时。这时天空的颜色已经从黑色、灰色、褐色慢慢过渡到深蓝色、红色和橘黄色，甚至带有一些紫色。寅时的色彩从子时的黑暗到丑时的蓝色，再到寅时带有黎明的曙光，所以象征着重生、希望、救赎和勇敢。

05:00—07:00属于卯时，这是日出的时间。卯时的色彩其实已经基本脱离了夜晚的颜色，所以呈现出来的色彩具有特别强的冲击感。此时呈现出的色彩有蓝色、橘红色、黄色等。因为卯时是日出的时间段，所以给人一种舒适、慵懒和享受的感觉。

07:00—09:00属于辰时，这是人们上班的高峰时段。清晨的颜色拥有治愈和青春的特点，并且带有满满的正能量。

　　09:00—11:00 属于巳时。这时天空呈很纯净的蓝色，照射到湖面以后，湖面的颜色也显得很干净、清澈，整个天空和大地呈现出来的颜色很有活力，给人一种舒适、惬意和阳光的感觉。

11:00—13:00 属于午时。由于此时的光线很强烈，在强烈光线照射下的颜色在设计中会起到丰富画面的作用，使画面多了一丝柔软与倦意，还有一种被光晕笼罩的朦胧和妩媚。

13:00—15:00 属于未时。这时太阳开始慢慢往西移，并且开始降落。未时的颜色比早上和晚上的颜色暗淡很多，色彩呈淡灰蓝色，使人的身体与精神有一种放松的感觉。

15:00—17:00属于申时。古人称申时为哺时或夕时。申时的颜色比较灰暗，给人一种冷酷的感觉。在配色时，可以综合早上和中午这两个时间段的色彩。

　　17:00—19:00属于酉时,即太阳落山的时候。由于这时的太阳正在下落,所以天空中会呈现出非常壮观的景象,色彩多以红色、橙色和紫色为主。但是,酉时的颜色又能让人感受到一种凝重的美丽,代表着情感的寄托。酉时的色彩使用率很高,电影海报中经常会使用酉时的色彩。因为大面积的暖色会提升人们视觉和心理上的亢奋,非常适合用来设计宣传推广类的海报。

19:00—21:00 属于戌时。此时太阳已经落山，天地呈昏黄和朦胧的状态。这时候，天空基本变成了深蓝色，还夹杂着一些黄色和红色，所以会给人一种宁静、思考和孤独的感受。

21:00—23:00 属于亥时，也是十二时辰的最后一个时辰。设计师很喜欢用这种深蓝色或黑色进行色彩搭配，突出设计感，也可以增加一些霓虹灯的色彩来丰富画面。

在海报设计中，色彩对情绪、性格、主题氛围的把控至关重要。

子时 丑时 寅时 卯时 辰时 巳时 午时 未时 申时 酉时 戌时 亥时

下面两张图片是关于劳动节的海报。在设计时，设计师想体现耕种、努力劳作的状态，所以利用了十二时辰中辰时和巳时的色彩。将蓝色、翠绿色和淡黄色融入画面，营造充满正能量、清爽干净和积极向上的氛围，如左下图所示。如果将颜色换为右下图的效果，就不会有正能量和积极的氛围了。

下面两张图片是关于芒种节气的海报。芒种本身就有"芒之谷类作物可种"的意思，体现了农事耕作，所以利用申时和酉时的暖黄色，可以展现出夕阳西下人们播种时的开心和对生活向往的一种状态，如左下图所示。如果将颜色换为右下图的效果，则会缺少兴奋感。

所以，大自然是最好的色彩搭配师，它赋予了自然万物丰富的色彩。

3.3.2
案例：六一儿童节海报

本例为天空搭配了独特的色彩，塑造了一种在奇妙世界里遨游的神秘氛围。本例的难度在于对色彩的控制，既不能过亮，又不能过暗，否则缺少神秘的感觉。

01 先分析构图。本例利用的是一种非对称的平衡构图法，将物体分布在画面左右两侧，利用建筑来平衡整个版面。

02 利用酉时天空的色彩——以红色、橙色和紫色为主，塑造一种神秘感和奇幻感。

03 将晚霞丰富的色彩与城市建筑融合在一起——将城市素材放置在画面下方，与晚霞融合。单击"图层"面板下方的"创建新的填充或调整图层"按钮 ⊘，在弹出的菜单中选择"曲线"命令，然后在弹出的"属性"面板中调整曲线，对整体画面进行压暗处理，再结合"画笔工具"在素材上绘制暖色调，并设置图层的"混合模式"为"叠加"。

04 将云朵融入前景和中景，塑造出所有物体均在云层之上的画面效果，然后将小孩、鲸等素材放到画面中的合适位置。

05 置入光线素材，并与鲸融合在一起，制造出一种鲸从其他世界穿越过来的效果。然后利用光线塑造出周围其他事物的细节。

06 单击"图层"面板下方的"创建新的填充或调整图层"按钮 ◎ ，在弹出的菜单中选择"曲线"命令，在弹出的"属性"面板中调整曲线，提升画面的对比度。再次单击"图层"面板下方的"创建新的填充或调整图层"按钮 ◎ ，在弹出的菜单中选择"色彩平衡"命令，设置"中间调"的"青色"值为 +20、"黄色"值为 +38，让整个画面的色彩变得浓厚且有趣。

 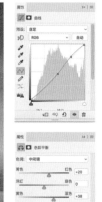

第 4 章

光影与透视

4.1
光影基础与运用分析

　　了解光影的基础知识是进行图像合成的基础。光可以用来塑造自然、真实的效果，营造画面的氛围，影则可以打造画面中的层次，表现出不同的风格和质感。

　　海报设计中涉及的很多表现手法都与光影有关。下图是关于饮料的海报，采用了夸张的对比。将人物与饮料融合在一起，并结合从天空照射下来的光线效果为画面带来了一种青春、活泼的气氛。

　　下图是"618"吃货节的海报。为了体现活动喧闹的氛围，用逆光的方式将人物与场景的质感体现得淋漓尽致。

4.1.1
利用光影塑造物体的明暗

任何物体在光线的照射下都会有明暗变化，即使在夜晚，也会有微弱的明暗变化。光线照射到的部分称为亮部，光线照射不到的部分称为暗部，光线照射不完全的部分称为灰部，在素描中这三个部分简称为"三大面"。

下面以苹果为例介绍"三大面"。下图中的光源在左侧，照射到苹果上，亮部、灰部、暗部的区分非常清晰。不同的光照角度和光源的大小都能让物体的明暗有不同的变化。

为了把明暗关系细化，人们引入了"五大调"的概念——高光、灰面、明暗交界线、反光和阴影，如下图所示。最亮的部分就是高光；灰面就是中间调；从亮面转向暗面时，存在着一个过渡面，明暗交界线位于亮面与暗面交界的位置；反光存在于暗面，是光线因周围物体的反射作用产生的；投影是物体本身被光线照射后投射出的影子。

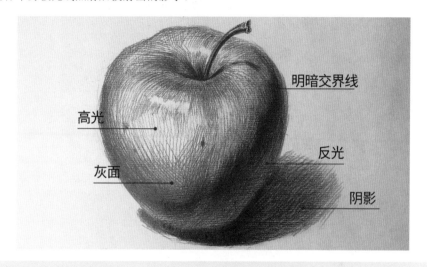

> **⚠ 提示**
> 在不同方向光源的照射下，物体投影的形状和暗部面积大小都会发生改变。

当无法判断投影的范围和形态时，需要确定光源的方向。大家可以想象，光源照射出了无数光线，而光线会朝着物体照射，有的光线能照射到物体上，而有的则照射不到，这样就形成了投影的边缘线。利用边缘线可以确定投影的形状。

　　物体的明暗面与光有着直接关系。光的照射会随着照射距离、照射范围、照射角度而发生改变，它会影响整体光影结构和画面的氛围。

　　当常见的光源照射到物体上时，明暗面呈一种均匀分布的结构。而当光照的距离越来越近时，光源越来越聚焦，阴影面积就会越来越大。所以，如果想表现一个让人觉得很舒服的画面，就可以采用柔和、平均的光源；如果想在画面中表现极强的光感，就可以利用光源的聚焦度，如下图所示。

来看下面两张图片，当光从画面上方照射鞋子时，亮部区域更明显；当利用聚焦的手法使光照射鞋子时，整个鞋子的亮部就集中在了光照区域，暗部的面积较大。

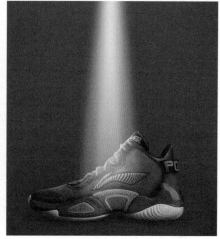

光与影可以理解为对立的关系，所以在表现阴影时，可以理解为光与影的位置是对立的，如下图所示。

有时还可以根据阴影的方向来判断光源的方向，从而绘制出具有真实效果的阴影。

正确理解光与影的关系，通过光的照射方向来确定阴影的方向，同时结合物体结构、物体材质等表现出阴影的形态和大小。下面讲解阴影的几种制作方法。

倒影阴影

制作方法：选择物体并使用快捷键 Ctrl+J 复制一层。然后单击鼠标右键，在弹出的快捷菜单中选择"垂直翻转"命令，将复制的物体倒置在原物体的底部。再单击"添加图层蒙版"按钮 ▣，结合"画笔工具" ✐ 将不需要的部分擦除，形成倒影效果。

平铺阴影

制作方法：使用"椭圆选框工具" ○ 在物体底部绘制一个椭圆形并填充黑色。选中黑色椭圆，然后执行"滤镜 > 模糊 > 高斯模糊"菜单命令，对黑色椭圆进行模糊处理。再单击"添加图层蒙版"按钮 ▣，结合"画笔工具" ✐ 擦拭黑色椭圆。

角度阴影

制作方法：使用"钢笔工具" ✐.绘制一个长方形并填充黑色。之后选择黑色长方形，执行"滤镜 > 模糊 > 高斯模糊"菜单命令，对黑色长方形进行模糊处理。再单击"添加图层蒙版"按钮 ▣，结合"画笔工具" ✐.擦拭黑色长方形。

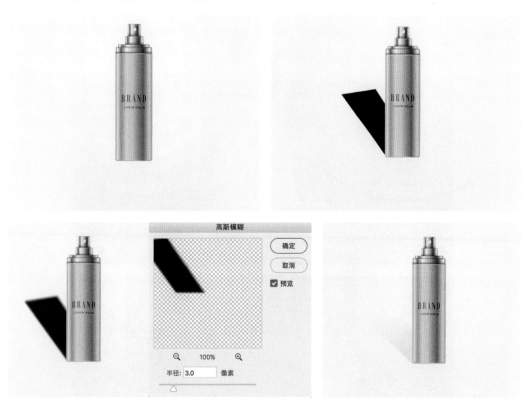

俯视阴影

制作方法：选择物体并使用快捷键 Ctrl+J 复制一层。然后将复制得到的图层填充为黑色。选择黑色图层，执行"滤镜 > 模糊 > 高斯模糊"菜单命令，对黑色图层进行模糊处理，再设置图层的"不透明度"值为 10%。

4.1.2
物体与环境光的关系

　　理解了光影，还需要针对光影理解环境光。下面两张图片的场景是一样的，但是环境光不一样，合理利用环境光可以使画面具有非常真实的效果。

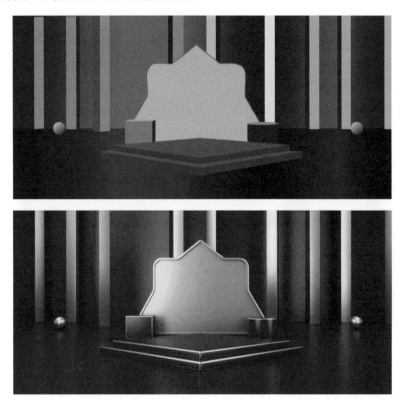

　　任何环境只要有光就一定会有环境光。如下图所示，当光照到某个物体上时，物体会有明暗不同的区域，物体因光的照射而反射的光，就可以称为环境光。

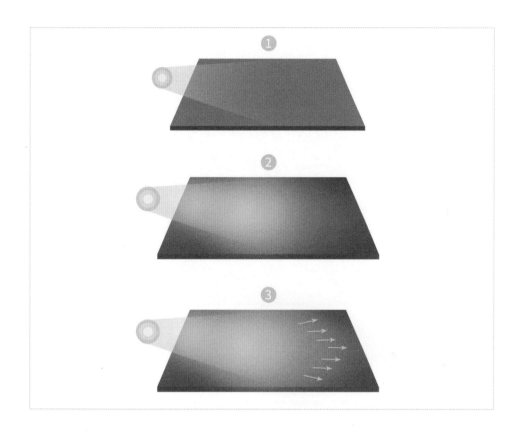

　　环境光的范围是根据光照的强度与光源距此范围的远近来决定的。如果光源的光线比较微弱，那么其照射范围就比较小，物体受环境光照射的面积也越小。如果光源的光线比较强，那么其照射范围就比较大，物体受环境光照射的面积就越大。环境光能为画面带来一定的层次感。

　　这里用一个实际案例来讲解环境光与物体之间的关系，如下图所示。本例展现的是万圣节孩子去魔幻的南瓜王国寻宝之旅的场景。整个画面的色调很暗，体现出了夜晚的神秘氛围。在设计这张海报时，要掌握人物、建筑和素材之间的融合技巧，还要体现出人物背后整个场景的氛围。

　　针对光影，这里先分析原有的光照方向和辐射范围，如下图所示。从图中可以看出主光照是从南瓜身上散发出来的，从指引的红色箭头能看出照射的方向和辐射范围。人物所处的角度是逆光的，当光照射到人物身上以后，人物脸部与身体基本处于暗部。

由于光是从人物后面照射的，所以人物和其他物体的阴影在人物前面，并且地面因光源辐射范围的变化越往前变得越暗。

下面对比制作光影前后的效果，如下图所示。左图为制作光影前的效果，右图为制作光影后的效果，通过这两张图可以很明显地发现，制作光影效果后，人物、物体和背景之间的融合度更高，整体的光感更真实。

> **⏺ 提示**
> 光影主要针对海报中的图像合成效果，可使画面中的各个元素更自然地融合，有助于整体氛围和质感的塑造。对于光影的理论知识需要大家仔细地观察生活中光影的变化，从而理解得更加透彻。

4.1.3
案例：宝宝尿不湿创意广告

本例是关于尿不湿的创意广告，以有趣、幽默的夸张手法体现了宝宝从天上飞下来的那种自由、畅快的感觉，以此形容尿不湿产品吸水性及包裹完整的特点。在整个画面中，人物身上的光感及环境光的处理都为画面带来了更逼真的效果。

01 新建文档，置入背景素材。然后执行"调整 > 曲线"菜单命令，对背景图层进行调色处理，将画面整体提亮。

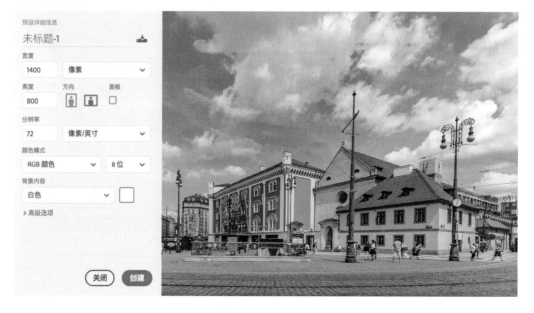

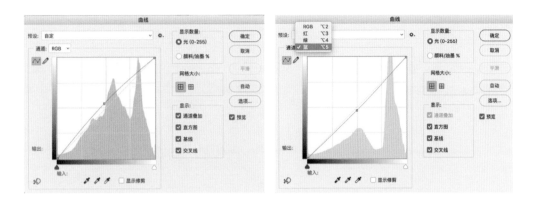

02 执行"调整 > 色相 / 饱和度"菜单命令，对"背景"图层继续调色。然后执行"滤镜 > 模糊 > 高斯模糊"菜单命令，对背景进行模糊处理。

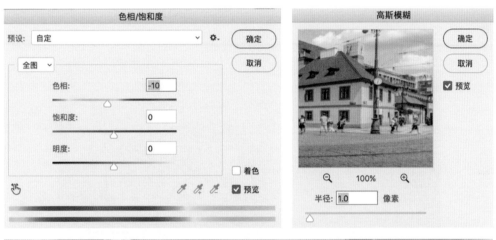

03 置入另一张天空素材，单击"图层"面板下方的"添加图层蒙版"按钮 ◻，然后使用"画笔工具" ✐，擦除不需要的部分。

04 将人物素材置入整个背景中，调整其比例和大小。然后执行"调整 > 曲线"菜单命令，调整图像的颜色。再执行"调整 > 色相 / 饱和度"菜单命令，调整整体的色调。

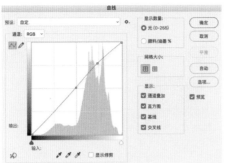

05 将尿不湿素材放到人物图层的上方，然后单击鼠标右键，在弹出的快捷菜单中选择"创建剪贴蒙版"命令，将尿不湿素材嵌入到人物身上，再调整其比例和大小。

06 使用"画笔工具" ，擦除多余的部分，并将尿不湿图层的"混合模式"设置为"正片叠底"，凸点纹理就融进去了。接着对人物的明暗进行处理，使用"画笔工具" 在宝宝身上擦拭，并将"前景色"设置为黑色，对宝宝暗部区域进行加强。

07 选择"椭圆选框工具" ○,绘制白色圆形。然后执行"滤镜 > 模糊 > 高斯模糊"菜单命令，对白色的圆形进行模糊处理。

08 使用快捷键Ctrl+J复制模糊的白色图形并填充橘黄色,然后将图层的"混合模式"设置为"叠加"。

09 使用"套索工具" ⟁选择人物的部分区域,然后使用快捷键 Shift+F3 对其进行"羽化"处理。再单击"图层"面板下方的"创建新的填充或调整图层"按钮 ⟁,在弹出的菜单中选择"曲线"命令,对人物的颜色进行调整。因为人物整体处于逆光状态,所以人物背面的区域稍微暗一些。

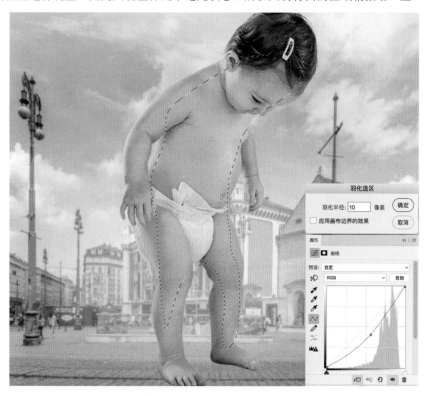

10 用同样的方法绘制出人物的亮部区域,并且结合"曲线"("属性"面板)进行调亮。

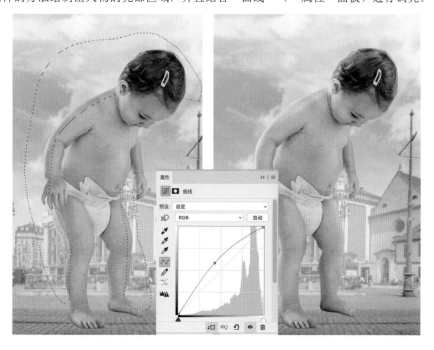

11 将其他人物素材放置在画面四周，并且缩小其比例体现出夸张的对比效果。

12 为画面中的其他人物绘制阴影。使用"套索工具" ⊙选择阴影部分，然后填充黑色，再使用"画笔工具"将黑色的阴影擦淡一些。

13 选择人物的暗部区域，并结合"曲线"（"属性"面板）进行压暗处理。然后选择人物的亮部区域，并结合"曲线"（"属性"面板）进行提亮处理。

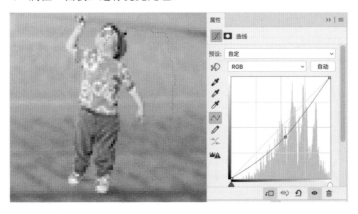

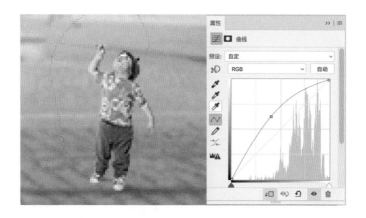

14 用同样的方法绘制其他人物的阴影和亮部，并结合"曲线"（"属性"面板）对颜色进行调整。

> ❶ 提示
>
> 在对人物的阴影和亮部区域进行处理时，需要根据光源的方向来操作。

15 绘制人物脚下的阴影。使用"套索工具" ○ 绘制阴影区域，然后执行"滤镜 > 模糊 > 高斯模糊"菜单命令，对其进行模糊处理。单击"图层"面板下方的"添加图层蒙版"按钮 ▣，结合"画笔工具"对阴影进行擦拭。

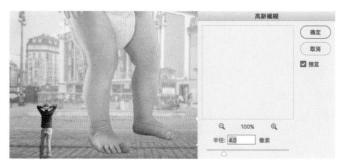

16 使用"画笔工具" 在脚底与地面接触的地方绘制阴影，注意控制好笔刷的"不透明度"。

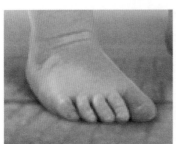 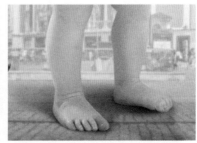

17 将翅膀素材放在人物的身后，并调整好比例和大小。

18 使用"套索工具" ○ 选取翅膀的部分区域，执行"滤镜 > 模糊 > 动感模糊"菜单命令，在弹出的"动感模糊"对话框中设置"角度"为 29 度、"距离"为 20 像素。然后使用快捷键 Ctrl+J 复制当前图层，并设置图层的"混合模式"为"滤色"，再设置其"不透明度"值为 60%。

19 置入类似云朵的素材，表现人物从天而降效果。

20 将光照素材放置人物的上方，并将图层的"混合模式"设置为"滤色"，让光照素材能够融入画面中。

21 将场景和人物融合完成后，开始调色处理。单击"图层"面板下方的"创建新的填充或调整图层"按钮 ◎ ，在弹出的"属性"面板中设置"浓度"值为16%。然后设置图层的"混合模式"为"柔光"，并设置"不透明度"值为50%。继续单击"图层"面板下方的"创建新的填充或调整图层"按钮 ◎ ，在弹出的菜单中选择"色彩平衡"命令，让整体色调偏暖。再设置图层的混合模式为"颜色"、"不透明度"值为15%。最后合并所有图层，执行"滤镜 > 锐化"菜单命令，对整个画面进行锐化处理。

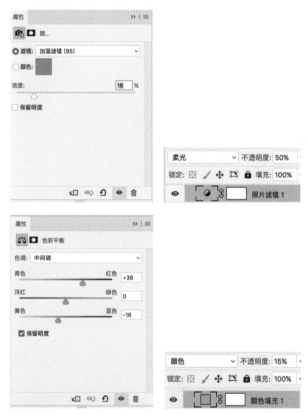

4.2
透视基础与运用分析

透视本是学习绘画应学的知识，但做海报设计也要掌握透视的基础知识，尤其是进行图像合成制作时，更需要熟练掌握透视的原理。

4.2.1
透视基础知识

在同一个环境中，不同的观察角度形成的透视也不一样。常见的透视类型有一点透视、两点透视和三点透视。遵循透视原理可以让物体看起来更真实。如果透视有问题，那么物体看起来也显得不够真实，如下图所示。

学会透视的法则，可以增强设计的视觉效果，做出很多有创意的设计，如下图所示。

· 基本术语

透视包括视点（A）、透视画面（B）和物体（C）3 个元素，如下图所示。其中，A 是观察者，C 是物体（被观察者）。当透过透视画面观察物体时，用直线连接物体的轮廓，这些直线穿透透视画面时会出现交点，把各个交点连接后就形成了完整的透视二位图像。用线条来准确地描绘在这个平面（透视面）上显示的物体的空间位置、轮廓和投影的科学称为透视学。

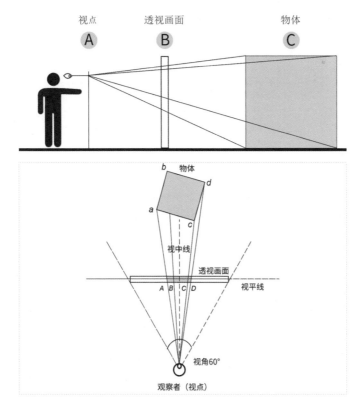

视平线

视平线与人们观察画面的视线平行，是呈现在观者眼前的一条平行线。画面里有且只有一条视平线。

地平线

在广阔的原野上看到的天地间那条水平横线叫地平线，等同于视平线。

消失点

一组平行线在视线方向无线延伸，最后汇聚到一个点上，这个点叫消失点。平行透视的消失点有且只有一个。

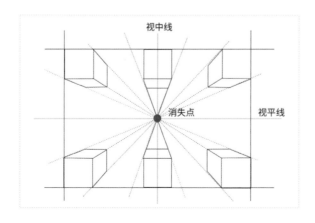

·透视原理

一点透视

一点透视只有一个消失点，也叫平行透视。消失点位置不同，人们能观察到的面也不同。当消失点在物体外侧时，可以看到两个面；当消失点在物体上方时，可以看到 3 个面；当消失点在物体内侧时，只能看到一个面。如果物体正面是空的，则看到的是物体的内部结构。

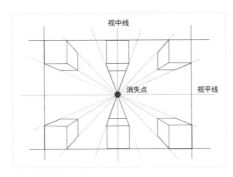

两点透视

两点透视又叫成角透视，当立方体的 4 个面相对于透视面倾斜成一定角度时，会产生两个消失点。

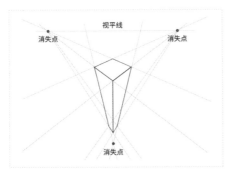

三点透视

三点透视又叫倾斜透视，当立方体的各个面相对于透视面倾斜成一定角度时，倾斜面的边线就会产生倾斜透视变化。值得注意的是，不平行于透视面的平行线的投影会聚集到一个点，并且产生 3 个消失点，有两个消失点必定在视平线上。

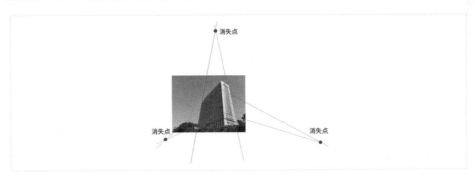

·透视规律

近大远小

近大远小是素描透视的基本规律。当我们在同一位置观察处在不同位置的物体时，会发现近处的物体大、远处的物体小，有的物体的形状还会发生变化。

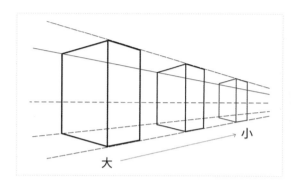

近宽远窄

仔细观察物体就可以发现，距离观者越近的物体，其面积越大，距离观者越远的物体，其面积越小，画面中就会有近宽远窄的透视现象。

近实远虚

处于焦点的物体很清晰，而远处的物体则会变得模糊。

近实远虚

近实远虚

近实远虚的表现手法能增强画面的空间感，从而增加画面的层次。

如果无法理解透视的规律和空间感，将素材置入画面中以后整个画面看起来就像拼图一样。如下图所示，画面中鞋子、人物和手的摆放杂乱，画面中的透视线也非常凌乱，并且也没有遵循近大远小、近宽远窄等基本规律。

　　掌握了透视原理和规律后，在进行图像合成时就能把控好物体与物体之间的比例关系，从而做出更加自然的合成效果。

4.2.2
案例：小提琴演奏合成海报

本例结合光影与透视的知识，设计出了带有神秘色彩的合成创意海报，如下图所示。

01 新建文档，置入背景图片，然后根据背景本身很明显的透视结构，用线条绘制出视平线和消失点。

02 将木板纹理素材放到地板上，然后在木板纹理图层的上方新建一个图层，并使用"画笔工具" ✐
在画面的中间刷出黑色的色块。

03 用同样的方法在左右两侧分别刷出暗部与亮部区域。注意：暗部区域用黑色笔刷来刷，亮部区域用白色笔刷来刷。

04 多次利用"画笔工具" ✐ 进行擦拭，最后刷出如下右图所示的这种非常暗的效果。

05 单击"图层"面板下方的"创建新的填充或调整图层"按钮 ●，在弹出的菜单中选择"色彩平衡"命令，在弹出的"属性"面板中调整各个参数，让整个画面呈金黄色的暖色调。这时就能发现之前刷的暗部与亮部的区域很明显地显示出来了。

06 根据之前标好的透视线将人物按照透视的比例大小放到画面中。

> ⓘ **提示**
>
> 要注意近大远小的透视规律。

07 选择"套索工具" ○,，绘制出人物的阴影，并为阴影填充黑色。

08 选择被填充黑色的投影，执行"滤镜 > 模糊 > 高斯模糊"菜单命令，对其进行模糊处理。

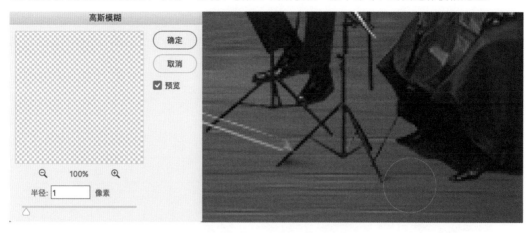

09 选择"画笔工具" ，并调整画笔大小和参数，在物体周围绘制阴影，包括鞋面阴影、桌椅阴影和物体遮挡的阴影等。

10 将所有人物与物体下的阴影绘制完成后，得到如下图所示的效果。

11 新建图层,结合"画笔工具" ✐ 绘制人物边缘部分。然后单击鼠标右键,在弹出的快捷菜单中选择"创建剪贴蒙版"命令,将绘制的白色嵌入到人物图层中,再设置图层的"混合模式"为"叠加"。

> ⓘ **提示**
> 在绘制边缘部分时,需要多复制几个图层,以提升边缘的光泽度。

12 调整每个人物边缘的光泽度,让画面更具有真实感。

13 将金色粉末素材放到主视觉人物的后面，然后设置图层的"混合模式"为"滤色"，让金色粉末很好地融入到图像中。

14 将金色粉末素材多复制几个，分散放置在人物的后面。之后适当调整它们的不透明度，弱化一些光泽效果，让画面看起来更干净。

15 将神话人物素材放置在人物头部上方，以体现出一种用乐曲演奏出古典神话的代入感。将神话人物素材图层的"混合模式"设置为"滤色"，让素材融入到画面与金粉之中。

16 单击"图层"面板下方的"创建新的填充或调整图层"按钮 ◑，在弹出的菜单中选择"曲线"命令，提升整体色调的对比度，营造突出画面主体的视觉效果。

05

第 5 章

字体与情感

5.1
不同风格的字体

　　海报中字体的选择与设计需要根据海报本身的设计诉求、文案表达的内容和设计师想要表现的风格来决定。不同的字体有着不同的风格。

5.1.1
衬线体

　　衬线体是指在笔画开始和结尾处有装饰，而且笔画的粗细不同，更像是手写体，如宋体、大标宋等。衬线体的字形整体干净有力、优雅，适用于印刷品设计。

君问归期未有期，
巴山夜雨涨秋池。

君问归期未有期，
巴山夜雨涨秋池。

GORGEOUS
TRANSFORME

华丽 / 蜕变

5.1.2

无衬线体

　　无衬线体没有额外的装饰和点缀，而且笔画的粗细差不多，字形规整，给一种简洁、明爽的现代感，如黑体、粗黑等。无衬线字体适用于现代风、简约风、科技风的海报设计。

5.1.3

书法字体

　　书法字体属于中国的特有字体，更是一种独特的艺术呈现形式。书法字体的笔画轻重顿挫富有变化，潇洒自如、奔放有力，如行草、狂草、隶书等。书法字体适用于中国风的海报设计。

5.1.4
卡通字体

卡通字体针对的人群是儿童和年轻女性，字体俏皮活泼、温和有趣，整体偏圆滑，亲和力较强。

5.1.5
文艺字体

文艺字体整体偏细长，看起来清新脱俗、优雅、统一、协调，非常适用于护肤品、服装广告等领域，如思源宋体、文艺体等。

5.2
通过字体表现不同的场景与主题

　　对于很多新手设计师来说，由于字体的风格太多，在设计海报时不知如何选择。作为设计师，在选择字体之前需要了解字体本身的特征，以及字体能否与主题贴合。

　　下面两张图是关于母亲节的海报。左边海报的字体偏手写，字体边缘折角多以流畅的弧形为主，会给人一种亲切感；而右边海报的字体过于常规，与海报本身所要表达的含义不符，与主题也不搭。

5.2.1
科技风

　　在科技风的海报中，字体整体偏硬朗，边缘比较尖锐，给人充满力量、简洁和现代之感。在一些科幻、科技类海报或一些偏男性战斗的海报中会经常见到这类字体。

5.2.2
奢华风

　　在奢华风的海报中，笔画的结尾都略带较尖的折角，多以衬线体为主，以衬托画面优雅的韵味。在酒类、手表、奢侈品类海报中会经常看到这类字体。

5.2.3
现代风

在现代风的海报中，字体多为无衬线体，字体造型平整，边缘并没有过多的装饰设计。

5.2.4
中国风

在中国风的海报中，字体多为书法字体或手写体，以体现中国特有的文化内涵。这类字体常用在电影海报或节日海报中。

5.2.5
女性风

在女性风的海报中，字体多以纤细、秀美为主，通常会在字的边缘增加装饰性元素。这类字体多用于女性化的场景中，如化妆品、服装饰品等领域。

5.2.6

趣味风

在趣味风的海报中，字体多以圆滑、可爱为主，能产生强烈的画面感。这类字体常用于儿童用品、游戏娱乐等领域。

> **提示**
> 只有了解不同的场景和风格，才能选择合适的字体。

5.3
字体的性格与情感

在海报的字体设计中，尤其是主体字或艺术性字体的设计，追求的是准确的情绪表达。人们可以通过字体来表达当下的情绪，这种情绪的表达也让字体更有画面感。

如下图所示，这是围绕清明节设计的字体和海报。"清明"二字的字体形态像河流一样绵延不断，"清"与"明"二字也通过弯曲的线条连接在了一起，让观者从字体设计中就能感受到思念故人的心情。将其放到海报中，字体不仅能够传达文字信息，更成了海报中的图像化元素。

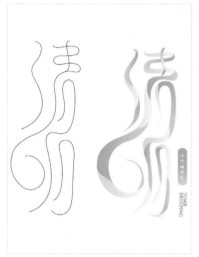

下图是围绕重阳节设计的字体和海报。"重阳"二字为书法字体，这让文字具有了中国文化特色。同时，设计师还利用了一些其他元素与"重阳"二字结合，营造了一种登高祈福、儿女敬爱老人的温馨氛围。

> **❶ 提示**
> 字体有自己本身的力量，这是由字体本身的结构决定的。在海报设计中，恰当地运用和改变字体，会有意想不到的效果。

5.4
利用字体强化情感的表达

字体的使用要根据海报要表达的情感去选择。下面从笔画粗细、线条曲直、架构疏密等方面着重分析字体情感的表达。

厚重 ← · → 轻巧

5.4.1
笔画粗细

字体的笔画越粗，越能表现出浑厚、浓重、有力的特点；字体的笔画越细，越能表现出轻巧、柔和的特点。

厚重 ← · → 轻巧

粗笔画的字体视觉占比大，具有强调画面信息的作用，同时会让人产生一种压迫感。这就是为什么所有的标题或需要重点标注的文字会用粗笔画。

　　细笔画的字体由于字形单薄，看起来比较轻盈，字体内部结构相对比较疏松，尤其是在阅读时不会让读者产生压迫感。

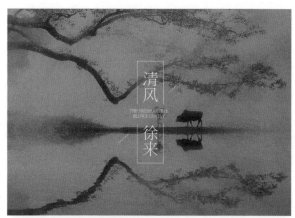

5.4.2
笔画曲直

　　字体笔画的曲直会赋予字体一种形体美。如果是笔直的线条，具有干净、直接与果敢的特点；如果是曲线，则具有包容与婉转的特点。横竖为直，撇捺为曲，有曲有直才会显得文字刚柔并济。

风 风 风 风

笔直 ← · → 弯曲

5.4.3
古代与现代

　　字体笔画的复杂程度会体现出字体的时代感。衬线体比无衬线体的笔画复杂一些，如宋体与黑体，从字体的结构与偏旁部首的边角来看，宋体比黑体复杂一些。英文衬线体的弧度优雅，粗细程度不一，与英文无衬线体的简洁形成了鲜明的对比。

我 **我** 我 我

复杂 ← · → 简单

ME ME **ME** ME

复杂 ← · → 简单

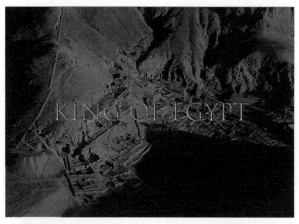

5.5
案例：武侠风海报

本例运用毛笔笔刷"写"出了"武"字，并在字体结构上增加了肌理，让字体不仅传达出了文字信息，更以一种图像化的艺术形式表现出了独特的武侠风。

01 新建文档，并将背景填充为灰色。

02 使用"矩形选框工具" 绘制一个矩形并填充白色，然后执行"滤镜 > 模糊 > 高斯模糊"菜单命令，对矩形进行模糊处理，使背景显得更有空间感。

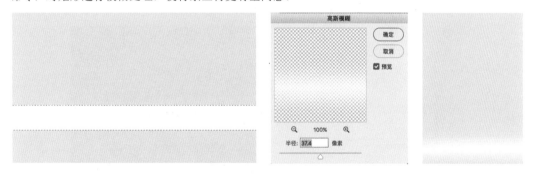

03 设置字体为任意毛笔字，输入"武"字，作为参考。

04 使用毛笔笔刷对"武"字进行重塑。需要注意的是，毛笔笔刷素材要与字体的笔画相融合，并且毛笔边缘的噪点能通过笔刷的走向展现出来。

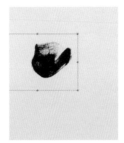

05 置入沙漠素材，单击"图层"面板下方的"创建新的填充或调整图层"按钮，在弹出的菜单中选择"色相/饱和度"命令，在弹出的"色相/饱和度"对话框中设置"饱和度"值为-100，去掉颜色的饱和度。再次单击"图层"面板下方的"创建新的填充或调整图层"按钮，在弹出的菜单中选择"曲线"命令，将颜色进行压暗处理。

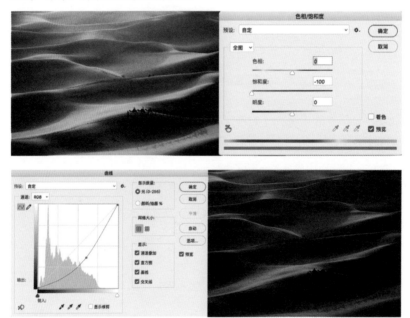

06 将沙漠图片放到文字的上方，单击鼠标右键，在弹出的快捷菜单中选择"创建剪贴蒙版"命令，将图片嵌入到毛笔字中。选择嵌入进去的图片素材，单击鼠标右键，在弹出的快捷菜单中选择"变形"命令，根据原有字形调整素材的形状，与毛笔字融为一体。

07 用同样的方法嵌入其他素材，并对素材进行变形处理。

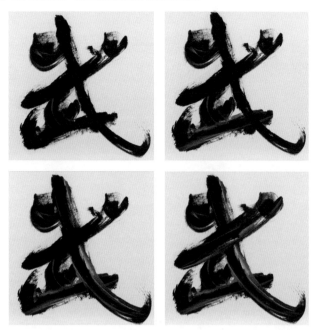

08 选择"画笔工具" ，并将"前景色"设置为白色，然后涂抹"武"字。再设置图层的"混合模式"为"叠加"，让字体的边缘具有一定的光泽。

09 置入武侠人物素材，然后使用"椭圆选框工具" 绘制一个黑色的椭圆，然后执行"滤镜 > 模糊 > 高斯模糊"菜单命令，对椭圆进行模糊处理，并设置其"不透明度"值为80%。最后添加其他元素，最终完成武侠风海报的设计。

5.6
案例：小暑海报

本例以剪纸的形式对"小暑"两字进行拆解，并通过图形组合和光影绘制的方法让文字有一种陷进背景的效果。当文字变成了图像后，不仅具有传达信息的作用，更具有内容引导的作用。

01 新建文档，并将"背景色"设置为渐变色。

02 执行"滤镜 > 杂色 > 添加杂色"菜单命令，在弹出的"添加杂色"对话框中设置"数量"值为2%，让背景有颗粒感。

03 输入"小暑"两个字作为参考，并设置图层的"不透明度"值为10%。

04 选择"钢笔工具" ，将模式设置为"形状"，在原有的"小暑"两个字上进行勾勒。

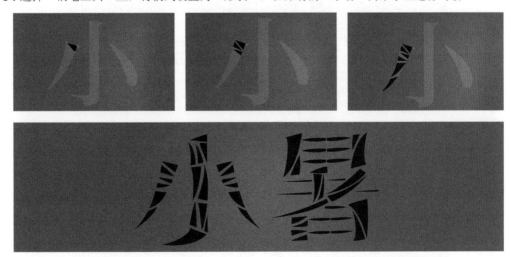

⊙ **提示**
　在勾勒撇笔画和捺笔画时，都要勾勒成弧形。

05 双击绘制完成的形状图层，在弹出的"图层样式"对话框中选择"投影"复选框，设置"不透明度"值为17%、"角度"为49度、"距离"为1像素，让图形有一种陷在背景里的感觉。

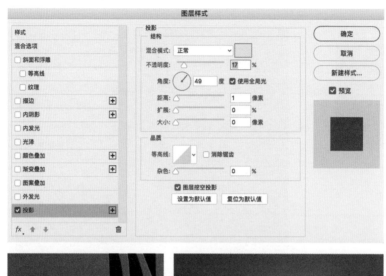

06 使用"钢笔工具" ◐,在每个形状图层上绘制出折纸的形态。

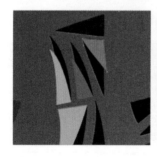
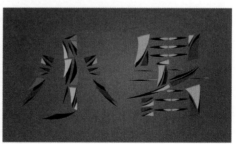

07 选择"画笔工具" ✐,设置"不透明度"值为30%，在绘制的折纸图层上涂抹，使明暗过渡更自然。

08 如果需要增加折纸的亮度，可以用"画笔工具" ✐涂抹，并设置画笔的颜色为白色，再设置图层的"混合模式"为"叠加"。

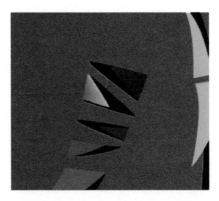

09 用同样的方法对整个文字的折纸形状进行绘制。注意：每个折纸部分的下方是亮部，上方是暗部。

10 从这里开始绘制文字的阴影。使用"钢笔工具" ✐绘制文字的阴影并填充黑色，然后单击"添加图层蒙版"按钮 ▣，利用"画笔工具" ✐涂抹不需要的区域，让文字的阴影更真实。

11 新建一个图层并填充白色，执行"滤镜 > 杂色 > 添加杂色"菜单命令，在弹出的"添加杂色"对话框中设置"数量"值为3%，然后设置图层的"混合模式"为"正片叠底"，让文字有颗粒感。

12 单击"图层"面板下方的"创建新的填充或调整图层"按钮 ◎，在弹出的菜单中选择"曲线"命令，并调节相关参数。再次单击"图层"面板下方的"创建新的填充或调整图层"按钮 ◎，在弹出的菜单中选择"黑白"命令，并调节相关参数。然后设置图层的"不透明度"值为20%。

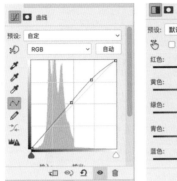

13 使用"画笔工具" ✐.在新建的图层中绘制白色的光影，并设置图层的"混合模式"为"叠加"，然后将文字放到背景中，得到最终的文字效果。

06

第 6 章

海报设计综合实战

6.1
中国风海报

　　中国风作为一种经典的风格，近几年来十分流行。中国风海报的形式大于内容，意境大于具象，这是中国风海报的特点。在设计制作中国风海报时，经常会使用线条、纹理、元素、建筑、山水和毛笔字等元素。

案例：山水房地产海报——背景肌理的绘制

　　本节设计的是关于房地产的海报。为体现房地产毗邻山水的一种静谧意境，本例用中国风的山水画效果和线条元素勾勒出了一幅安静、悠闲的画面。同时，将画面处理成了类似油画的效果，为画面增添了几分韵味和厚重感。

01 新建文档，然后将提前准备好的背景纹理素材拖入画布，并使用快捷键 Ctrl+M 调出"曲线"对话框，在"曲线"对话框中调整相关参数，对画面进行压暗处理。

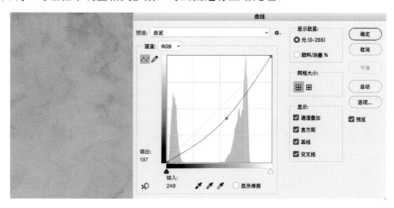

02 执行"滤镜 > 扭曲 > 波浪"菜单命令，在弹出的"波浪"对话框中设置"生成器数"为 16，设置"波长"的"最小"参数为 10、"最大"参数为 168，设置"波幅"的"最小"参数为 5、"最大"参数为 35，即可得到扭曲的纹理效果。

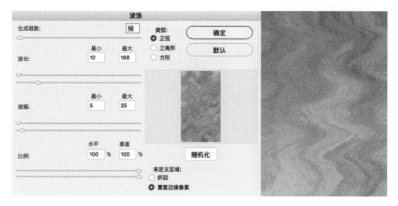

03 将准备好的另一张背景素材拖入画布中，然后将图层的"混合模式"设置为"叠加"。

04 选择设置为"叠加"模式后的背景图层，使用快捷键 Ctrl+M 调出"曲线"对话框，在"曲线"对话框中调整相关参数，对背景进行压暗处理。然后执行"滤镜 > 扭曲 > 波浪"菜单命令，在弹出的"波浪"对话框中设置"生成器数"为 16，设置"波长"的"最小"参数为 10、"最大"参数为 168，设置"波幅"的"最小"参数为 5、"最大"参数为 35。

05 新建图层，使用"套索工具" ○ 绘制山体的形状并填充颜色。接着单击"图层"面板下方的"添加图层蒙版"按钮 □，然后选择"画笔工具" ✐，调整好笔刷的大小和不透明度后，对画面的下半部分进行涂抹。

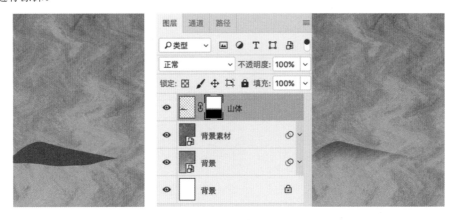

06 执行"滤镜 > 杂色 > 添加杂色"菜单命令，在弹出的"添加杂色"对话框中设置"数量"值为 23.62%，做出颗粒感。

07 用同样的方法绘制出其他的山体，得到山峦起伏的效果，如下图所示。

> 💡 **提示**
>
> 在绘制每个山体时不要绘制成一样的形态,这样才有连绵起伏的效果。

08 拖入小船、亭子和丛林等素材,绘制方法同绘制山体一样。新建图层,使用"钢笔工具" 勾勒小船、亭子和丛林的形状,并为其填充颜色。然后执行"滤镜 > 杂色 > 添加杂色"菜单命令,在弹出的"添加杂色"对话框中对相关参数进行调整,做出颗粒感。

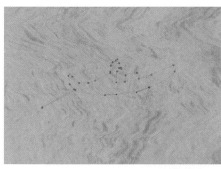 

09 复制小船图层，并将其垂直翻转，然后添加蒙版并拉出渐变的效果，作为小船的倒影。接着将太阳与飞燕素材拖入画布中，并放到画面左上角。

10 新建图层并填充蓝色，然后设置图层的"混合模式"为"正片叠底"，并且调整其"不透明度"值为30%，让颜色与此时的画面融合到一起，如下图所示。

11 为了让画面有一种世外桃源的感觉，可添加一些烟雾效果。新建图层，用"画笔工具" 绘制出白色烟雾效果。

12 拖入文案并进行排版。这里的文字尽量不要遮盖主体画面，让画面有更多留白，符合中国风的效果。

13 使用快捷键 Ctrl+Shift+Alt+E 盖印图层，然后执行"滤镜 > 滤镜库 > 艺术效果 > 胶片颗粒"菜单命令，并对相关参数进行调整，制作出胶片的效果。最终得到中国风海报效果。

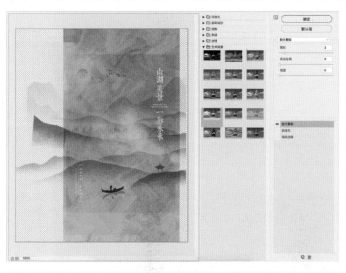

ℹ️ **提示**

　　添加胶片颗粒的目的是增强画面的质感，提升整个设计的厚重感和文艺气息。

6.2
多重曝光海报

多重曝光是指用相机把不同空间、不同时间拍摄的景物纳入到一个画面中。把两张或多张相同背景的照片放在同一图层，可以实现多重曝光的效果。

案例：迷失——人物与背景的重叠

本例中人物是画面的主体，将人物与物体进行巧妙的结合，塑造出了画中画的多重曝光效果。

01 新建文档，并为背景填充合适的颜色，然后拖入人物素材并调整其大小。

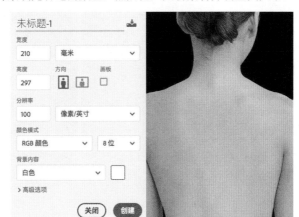

02 单击"图层"面板下方的"创建新的填充或调整图层"按钮 ，在弹出的菜单中选择"曲线"命令，然后对相关参数进行设置。单击"图层"面板下方的"创建新的填充或调整图层"按钮 ，在弹出的菜单中选择"色相 / 饱和度"命令，对相关参数进行设置。单击"图层"面板下方的"创建新的填充或调整图层"按钮 ，在弹出的菜单中选择"曲线"命令，对相关参数进行设置，让原有的人物变得暗淡且偏灰色。

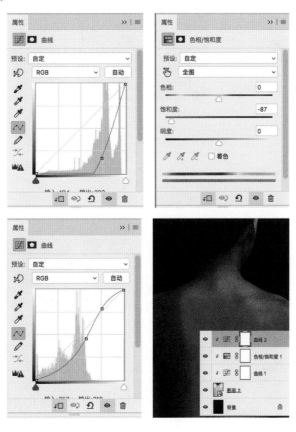

03 将楼梯素材拖入画布中，设置图层的"混合模式"为"滤色"。然后单击"图层"面板下方的"添加图层蒙版"按钮 ◻，再使用"画笔工具" ✏ 擦拭人物以外的部分。

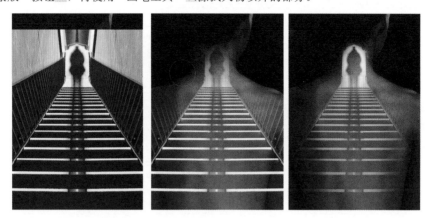

04 将建筑素材拖入画布中，并设置图层的"混合模式"为"叠加"。然后单击"图层"面板下方的"添加图层蒙版"按钮 ◻，再使用"画笔工具" ✏ 擦拭人物以外的部分。

> ❶ **提示**
> 在擦拭多余的内容时，要根据人物背部的结构使其融入背景。

05 再次将建筑素材拖入画布中，然后设置图层的"混合模式"为"叠加"，并调整其"不透明度"值为50%。接着选择该图层，单击"图层"面板下方的"添加图层蒙版"按钮 ◻，使用"画笔工具" ✏ 擦拭建筑背景，只保留中心区域。

提示

将 3 次融合的效果进行对比，这 3 次融合是本例最重要的部分。

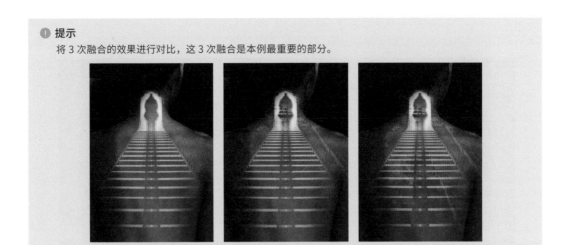

06 将栏杆素材拖入画布中，设置图层的"混合模式"为"滤色"。然后单击"图层"面板下方的"添加图层蒙版"按钮 ◘，选择"画笔工具" ✎，并设置其"不透明度"值为20%，对遮挡人物的区域进行擦除。

07 新建图层，在人物图层下方输入文字 LOSE。导入纹理素材，放置在文字图层上面，并单击鼠标右键，在弹出的快捷菜单中选择"创建剪贴蒙版"命令，将纹理嵌入到文字图层中。

08 单击"图层"面板下方的"添加图层蒙版"按钮 ▣ ，然后使用"画笔工具" ✐ 擦除遮挡住人物的区域。

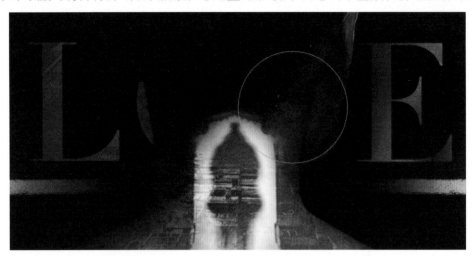

09 新建图层，输入文字"迷失"。双击文字图层，调出"图层样式"对话框，选中"图案叠加"复选框，并设置"混合模式"为"正片叠底"、"不透明度"值为 29%、"缩放"值为 49%。

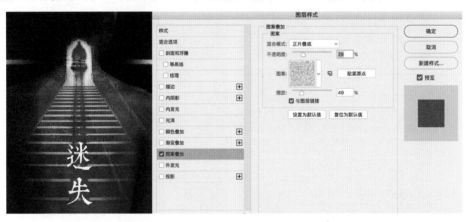

10 拖入玻璃碎片素材，并将其放到文字右侧，与文字融合在一起。

11 复制"迷失"文字图层，执行"滤镜 > 风格化 > 风"菜单命令，得到如下图所示的效果。

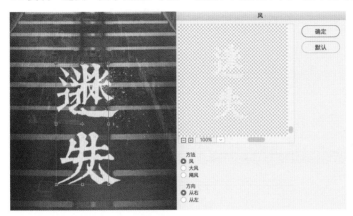

12 选择文字图层，单击"图层"面板下方的"添加图层蒙版"按钮 ▣，选择"画笔工具" ✐，并设置"不透明度"值为20%，擦除文字部分，让文字与玻璃碎片融合。

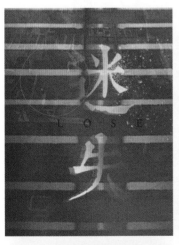

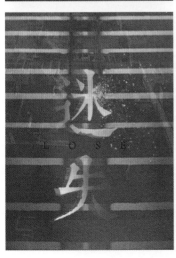

6.3
未来风海报

未来风格的海报多用饱和度高的色彩配色，并改变图形和物体的结构，让画面呈现出一种虚幻的视觉效果。

案例：科幻未来海报——扭曲性的视觉艺术

本例使用饱和度高的渐变色和扭曲化的图形，构成了一个具有渐变效果的场景。人物飘浮在画面中，体现了虚幻的未来风格。

01 新建文档，并为背景填充白色。

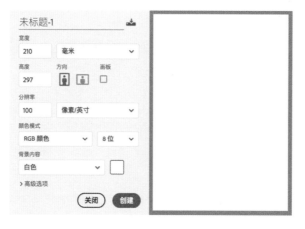

02 双击图层，弹出"图层样式"对话框，选中"渐变叠加"复选框，设置一个从紫色过渡到蓝色的渐变色。然后执行"滤镜 > 扭曲 > 旋转扭曲"菜单命令，在弹出的"旋转扭曲"对话框中将数值调到最大，得到扭曲效果。

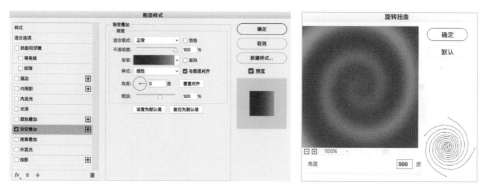

03 执行"滤镜 > 扭曲 > 波浪"菜单命令，在弹出的"波浪"对话框中调整相关参数，得到具有扭曲与波纹双重效果的背景。

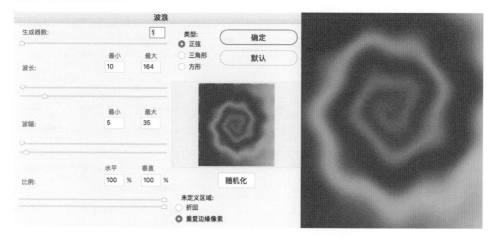

04 新建图层，使用"矩形工具"□绘制一个长方形，并填充黑色，双击该图层调出"图层样式"对话框，选中"渐变叠加"复选框，设置渐变的颜色和其他参数。

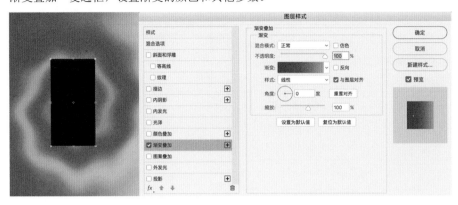

05 执行"滤镜 > 扭曲 > 旋转扭曲"菜单命令，在弹出的"旋转扭曲"对话框中将数值调到最大，得到扭曲效果。

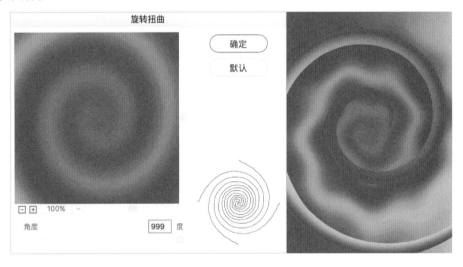

06 执行"滤镜 > 扭曲 > 波浪"菜单命令，在弹出的"波浪"对话框中调整相关参数，得到如下右图所示的扭曲效果。

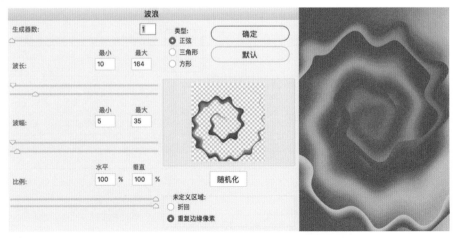

07 使用快捷键 Ctrl+J 将做好的带有扭曲和波浪效果的图形进行组合，并复制多个，再进行合理的摆放。接着选择复制的图层，执行"滤镜 > 模糊 > 高斯模糊"菜单命令，在弹出的"高斯模糊"对话框中调整参数，得到的画面有虚有实、层层递进。

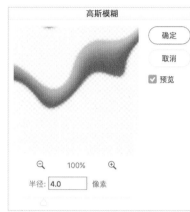

08 选择"画笔工具" ，设置"不透明度"值为 40%，在画布中心绘制白色。然后设置图层的"混合模式"为"叠加"。然后，新建图层，输入英文字母，并设置图层的"混合模式"为"叠加"。

09 将人物素材置入画布中，选择"渐变工具" ，在"渐变编辑器"对话框中设置渐变颜色。然后使用快捷键 Ctrl+J 复制该图层，单击"图层"面板上的"锁定透明像素"按钮 ，用"渐变工具" 在复制的人物图层上拖出渐变色。

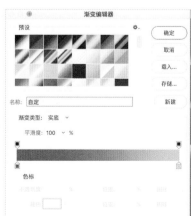

10 选择复制的人物图层，然后单击鼠标右键，在弹出的菜单中选择"创建剪贴蒙版"命令，将渐变色嵌入人物图层中，然后设置图层的"混合模式"为"柔光"。接着新建图层，使用"画笔工具" 在人物边缘绘制白色。然后单击鼠标右键，在弹出的快捷菜单中选择"创建剪贴蒙版"命令，将白色嵌入人物图层中，接着将人物图层的"混合模式"设置为"叠加"，并设置"不透明度"值为50%。

11 新建图层，使用"画笔工具" 在人物区域绘制白色，然后设置图层的"混合模式"为"叠加"。接着单击鼠标右键，在弹出的快捷菜单中选择"创建剪贴蒙版"命令，将白色嵌入人物图层中。

12 选择人物图层，执行"滤镜 > 风格化 > 风"菜单命令，在弹出的"风"对话框中调整相关参数，得到类似故障风的效果。

13 单击"图层"面板下方的"添加图层蒙版"按钮 ▫，擦除人物图层上不需要的部分。复制人物图层，执行"滤镜 > 风格化 > 风"菜单命令，在弹出的"风"对话框中调整相关参数，并且执行多次该操作。然后执行"滤镜 > 模糊 > 高斯模糊"菜单命令，设置"半径"为 3.0 像素，再设置图层的"混合模式"为"叠加"，最终得到如下图所示的效果。

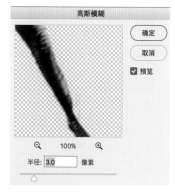

14 新建图层，使用"画笔工具" ✐.在背景区域绘制白色，然后设置图层的"混合模式"为"叠加"，并设置"不透明度"值为 30%，效果如下图所示。

15 新建图层，使用"画笔工具" ✎ 在画布四周绘制黑色，然后设置图层的"混合模式"为"叠加"，并设置"不透明度"值为30%，效果如下图所示。

16 单击"图层"面板下方的"创建新的填充或调整图层"按钮 ◑ ，在弹出的菜单中选择"曲线"命令，在弹出的"属性"面板中调整相关参数，并用"画笔工具" ✎ 在曲线图层上在人物区域涂抹。

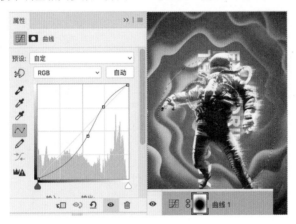

17 合并所有图层，执行"滤镜 > 滤镜库"菜单命令，在弹出的"滤镜库"对话框中选择"胶片颗粒"滤镜，设置"颗粒"值为2，再将文字排好放置到画面四周，得到最终的设计效果。

6.4
线条鼠绘风海报

鼠绘风格是一种近几年比较流行的偏插画的风格，主要使用"画笔工具" 和"钢笔工具" 。
等绘制线条或线圈，并勾勒出图形或图像，利用不同的色彩混合绘制出极具抽象美感的设计作品。

案例：情人节海报——线条肌理的绘制

本例使用"画笔工具" 绘制线条，并且利用线条勾勒出了人物和手等具体的图形，再将多种
高饱和度的颜色混入线条中。

01 新建文档，将"前景色"设置为酒红色，然后用"画笔工具" ✐绘制出人物和手的形状。

02 继续使用"画笔工具" ✐绘制轮廓内部的线条，使内部线条看起来密集且连贯、自然。

03 新建图层，单击鼠标右键，在弹出的快捷菜单中选择"创建剪贴蒙版"命令，将新图层嵌入绘制的手部图层。使用"画笔工具" ✐绘制出手部的明暗关系，用黑色笔刷绘制暗部，并降低不透明度，用白色笔刷绘制亮部，并降低不透明度，以此得到有明暗变化的手部。

04 继续使用"画笔工具" ✐绘制爱心和数字。

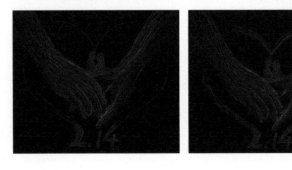

05 使用"画笔工具" 在原有图像的基础上绘制紫色的线条，将紫色线条混入红色的线条中。

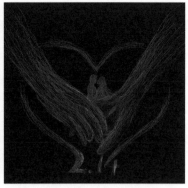

06 将素材放置在画面的下方，使用快捷键 Ctrl+U 调出"色相 / 饱和度"对话框，设置"色相"参数为 -16，将原来的红色调整为偏紫的色调。

07 将素材放到爱心的轮廓上，单击鼠标右键，在弹出的快捷菜单中选择"变形"命令，将其与爱心线条融合在一起。然后设置图层的"混合模式"为"滤色"，将素材原有的黑色区域去掉。

08 将另一个素材放置在画面中，设置图层的"混合模式"为"滤色"，并设置"不透明度"值为30%，如下图所示。

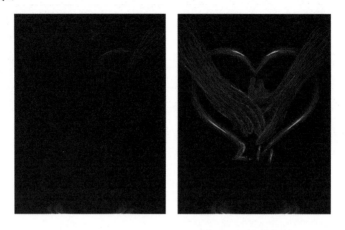

09 将另一个素材也放到画面中，设置图层的"混合模式"为"颜色减淡"，并设置"不透明度"值为70%。然后输入文字并将其放到图像图层下方，让文字有种若隐若现的效果。

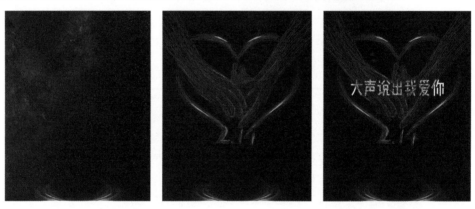

10 使用快捷键 Ctrl+M 调出"曲线"对话框，并调整相关参数。然后将文字放到画面中，得到最终的设计效果。

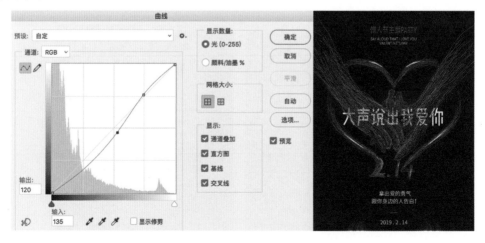

6.5
科幻风海报

科幻类型的海报大多以场景合成效果为主，设计师要熟练掌握图像融合、光影效果的制作、透视效果的处理、色彩搭配和场景氛围的营造等技巧。这类海报中的场景越大，氛围感越强，代入感也越强。

案例：流浪计划海报——场景氛围的营造

本例展现了灾难来临时第一视觉所看到的场景，利用了多种调色技巧提升了画面氛围，让观者有更多的想象空间。

01 新建文档，然后将背景素材放入画布中。

02 选择素材图层，单击"图层"面板下方的"添加图层蒙版"按钮 ▫ ，然后使用"画笔工具" ✓ 擦除中间的飞机，将两张背景素材合成为一张。

03 导入另一张素材，单击"图层"面板下方的"添加图层蒙版"按钮 ▫ ，使用"画笔工具" ✓ 涂抹上半部分区域。

04 单击"图层"面板下方的"创建新的填充或调整图层"按钮 ● ，在弹出的菜单中选择"色相/饱和度"命令。然后在弹出的"属性"面板中设置"青色"的"饱和度"值为-100。再次单击"图层"面板下方的"创建新的填充或调整图层"按钮 ● ，并在弹出的菜单中选择"色彩平衡"命令。在弹出的"属性"面板中设置"中间调"的"青色"值为-69、"黄色"值为+64。最后选择两个调整图层，单击鼠标右键，在弹出的快捷菜单中选择"创建剪贴蒙版"命令，将素材嵌入到背景图层中。

05 将另一张素材拖入画布中，使用快捷键 Ctrl+M 调出"曲线"对话框，并设置相关参数。然后使用快捷键 Ctrl+U 调出"色相 / 饱和度"对话框，并调整相关参数。

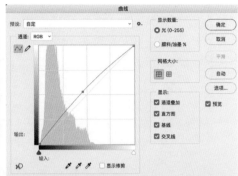

06 将另一张素材拖入画布中，单击"图层"面板下方的"添加图层蒙版"按钮，然后使用"画笔工具"涂抹上半部分区域。再单击"图层"面板下方的"创建新的填充或调整图层"按钮，在弹出的菜单中选择"色彩平衡"命令，在弹出的"属性"面板中调整色彩参数。

07 将提前准备好的城市素材放入画布中，单击"图层"面板下方的"添加图层蒙版"按钮 ▣，然后使用"画笔工具" ✎ 涂抹下半部分不要的区域。

08 将冰山素材拖入画布中，使用"套索工具" ◯ 分别对多个区域进行选取，然后使用快捷键 Ctrl+J 将选取的冰山复制出来，作为后面融图时的素材。

09 选择复制出来的冰山素材，单击鼠标右键，在弹出的快捷菜单中选择"创建剪贴蒙版"命令，将冰山素材嵌入城市素材，将城市与冰山融合在一起，得到城市被冰雪覆盖的效果。再将冰山融合到城市的前面，让画面更有空间感。

10 将飞机素材拖入画布中，并调整好角度，用冰山素材再次覆盖该区域。然后单击"图层"面板下方的"添加图层蒙版"按钮 ，使用"画笔工具" 涂抹不需要的区域，让飞机的头部与边缘露出来。

11 将素材图层全部选中，使用快捷键 Ctrl+G 进行编组，命名为"城市合成"。然后单击"图层"面板下方的"添加图层蒙版"按钮 ▣，使用"画笔工具" ✐ 擦除画面中一些不需要的区域，以此与地面进行融合。

12 单击"图层"面板下方的"创建新的填充或调整图层"按钮 ◐，在弹出的菜单中选择"色相/饱和度"命令。然后在弹出的"属性"面板中设置"青色"的"饱和度"值为 -100。单击"图层"面板下方的"创建新的填充或调整图层"按钮 ◐，在弹出的菜单中选择"色彩平衡"命令，在弹出的"属性"面板中设置"青色 - 红色"值为 -69、"黄色 - 红色"值为 +64。

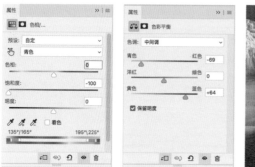

13 将雪花素材拖入画布中，并设置图层的"混合模式"为"滤色"，让画面呈现雪花飘飘的场景。

14 拖入其他的雪花素材，并设置图层的"混合模式"为"滤色"。单击"图层"面板下方的"添加图层蒙版"按钮 ▣ ，然后使用"画笔工具" ✐ 擦除不需要的区域。

15 拖入冰块素材，并设置图层的"不透明度"值为5%。

16 拖入车内素材，放在画布下方，然后拖入纹理素材。单击鼠标右键，在弹出的快捷菜单中选择"创建剪贴蒙版"命令，将纹理素材嵌入车内素材，并设置图层的"混合模式"为"叠加"，再设置"不透明度"值为50%。

17 单击"图层"面板下方的"创建新的填充或调整图层"按钮 ⊘，在弹出的菜单中选择"曲线"命令，对画面进行压暗处理。继续单击"图层"面板下方的"创建新的填充或调整图层"按钮 ⊘，在弹出的菜单中选择"色相 / 饱和度"命令，设置"饱和度"值为 –37，再设置"青色"的"色相"值为 +11、"饱和度"值为 –34。

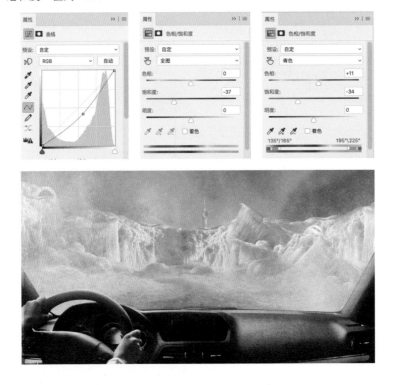

18 将玻璃碎片素材拖到车的挡风玻璃位置，并设置该图层的"混合模式"为"滤色"。然后使用快捷键 Ctrl+M 调出"曲线"对话框，将画面调亮。

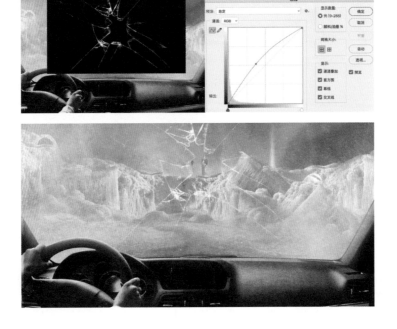

19 将两张玻璃破碎飞溅的素材拖到挡风玻璃的位置，并设置图层的"混合模式"为"滤色"。单击"图层"面板下方的"添加图层蒙版"按钮 ▣，使用"画笔工具" ✐ 擦除不和谐的区域，得到最终挡风玻璃破碎，风雪与玻璃碎片飞溅到车内的效果。

20 单击"图层"面板下方的"创建新的填充或调整图层"按钮 ◉，在弹出的菜单中选择"色彩平衡"命令，在弹出的"属性"面板中设置"中间调"的"青色—红色"值为 -12、"黄色—蓝色"值为 +16。再次单击"图层"面板下方的"创建新的填充或调整图层"按钮 ◉，在弹出的菜单中选择"曲线"命令，调节画面的对比度。继续单击"图层"面板下方的"创建新的填充或调整图层"按钮 ◉，在弹出的菜单中选择"黑白"命令，设置各参数数值，最后设置图层的"不透明度"值为 30%。

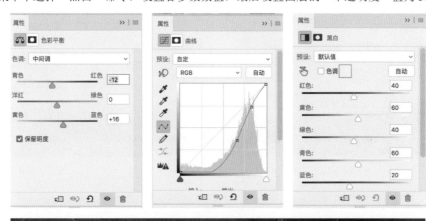

21 使用"画笔工具" ✐ 在画面四周涂抹深蓝色，并设置图层的"混合模式"为"叠加"，让视觉焦点集中在画面中心区域。

22 将人物素材拖入画布中，单击"图层"面板下方的"添加图层蒙版"按钮 ▣ ，使用"画笔工具" ✐ 擦除不和谐的区域，让人物融合在车的前方。

> ❗ **提示**
> 在调整人物素材的大小时，要遵循透视原理（提前了解近大远小的透视基础知识）。

23 将设计的文字放入画面中，得到最终的场景合成效果。

6.6
几何扁平海报

在设计扁平风格的海报时，一般会使用抽象的几何形状。充分利用抽象的几何形状可以塑造多种视觉效果。

案例：抽象艺术设计会展海报——不规则形状的绘制

本例利用各种几何形状塑造出了主题文字 DESIGN，既能体现出主题，又能展现出艺术的抽象与多种设计的可能性。

01 新建文档，并使用"渐变工具" 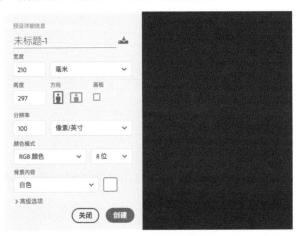 为画布填充红色的渐变色。

02 选择"椭圆工具" ，按住 Shift 键绘制正圆，然后双击图层打开"图层样式"对话框，选中"渐变叠加"复选框，调整渐变参数。

03 再绘制一个正圆，然后双击图层打开"图层样式"对话框，选中"渐变叠加"复选框，调整渐变参数。

04 使用快捷键 Ctrl+J 复制正圆图层，然后使用"矩形选框工具"◯框选一半正圆。接着单击"图层"面板下方的"添加图层蒙版"按钮◼，并使用快捷键 Ctrl+I 反选选区。再单击鼠标右键，在弹出的快捷菜单中选择"栅格化图层"命令。按住 Ctrl 键使用鼠标选中黑色的半圆，再选择后面的渐变圆图层，单击"图层"面板下方的"添加图层蒙版"按钮◼，将半圆嵌入渐变的圆中。

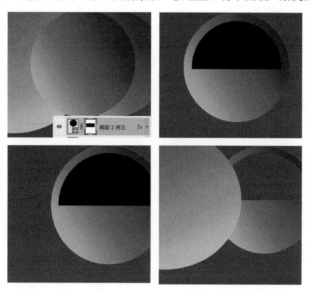

05 新建图层，选择"椭圆工具"◯，按住 Shift 键绘制正圆。关闭"填充"，设置"描边"为白色，并使用快捷键 Ctrl+J 多复制几层。然后使用快捷键 Ctrl+T 结合"自由变换"命令调整圆的大小，再使用快捷键 Ctrl+G 进行编组。

06 选择"矩形选框工具"▭框选圆形线条的一半，单击"图层"面板下方的"添加图层蒙版"按钮◼，将框选的区域删掉。然后使用快捷键 Ctrl+J 复制一层，单击鼠标右键，在弹出的快捷菜单中选择"水平翻转"命令，并调整好两个半圆的大小和位置。

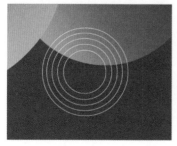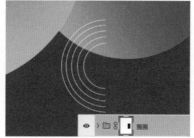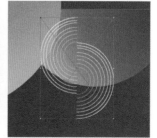

07 输入字母C、N，然后双击图层打开"图层样式"对话框，选中"渐变叠加"复选框，调整渐变参数。

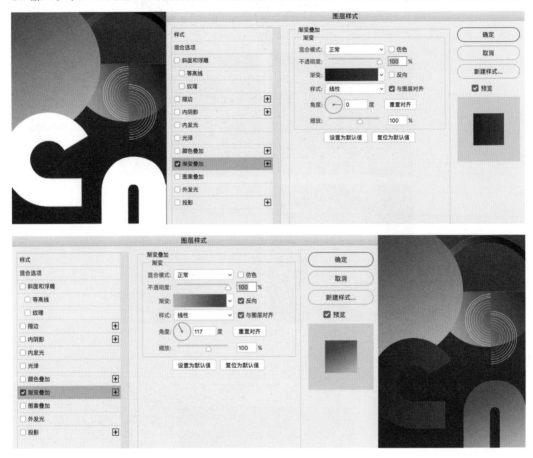

08 使用"钢笔工具" 绘制一个长方形，然后双击图层打开"图层样式"对话框，选中"渐变叠加"复选框，调整渐变参数。

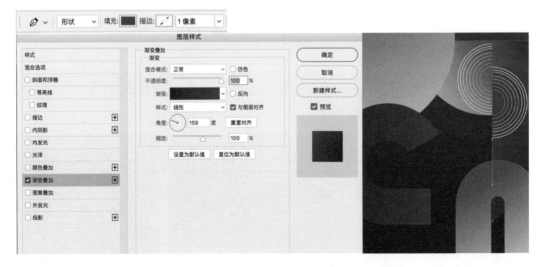

09 使用"矩形工具" □ 绘制一个长方形，然后双击图层打开"图层样式"对话框，选中"渐变叠加"复选框，调整渐变参数。

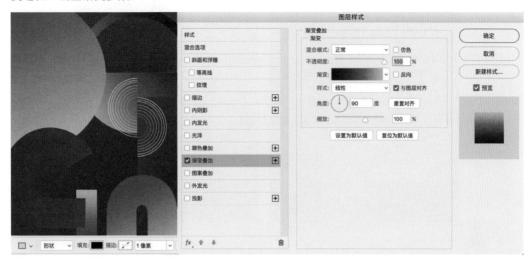

10 使用"矩形工具" □ 结合"直线工具" ∕ 绘制一个正方体。

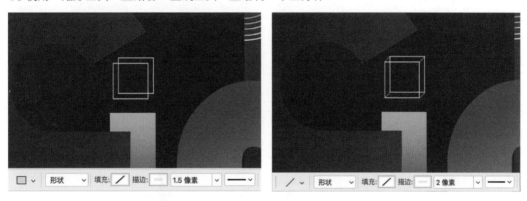

11 使用"矩形工具" □ 再绘制一个正方体，然后双击图层打开"图层样式"对话框，选中"渐变叠加"复选框，调整渐变参数。再使用同样的方法绘制出其余的正方体。

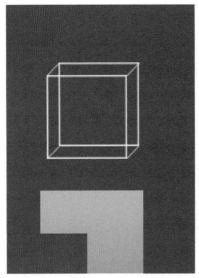

12 使用"直线工具" 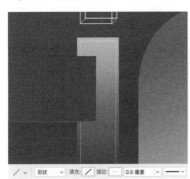 对长方体进行描边，然后使用快捷键 Ctrl+J 多复制几层。

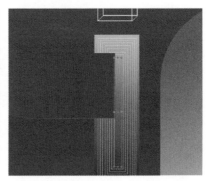

13 至此，完成了 DESIGN 抽象文字的制作。下面开始制作一些装饰图形。

14 使用"矩形工具" ▣.绘制多个圆角矩形，然后使用"钢笔工具" ✐.绘制不规则的图形，再双击图层打开"图层样式"对话框。选中"渐变叠加"复选框，调整渐变参数，最后在画布其他位置绘制类似的图形。

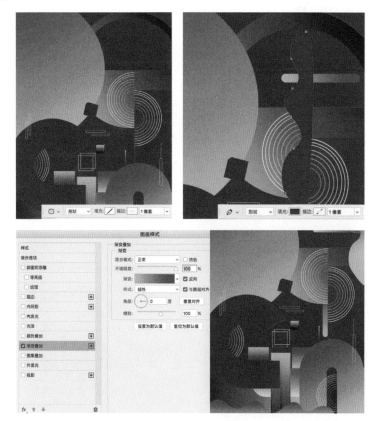

15 执行"滤镜 > 滤镜库"菜单命令，在弹出的"滤镜库"对话框中选择"胶片颗粒"选项，添加颗粒效果。再将排好版的文字放到画面中，得到最终的设计效果。

6.7
场景合成海报

制作场景合成类的海报时，最重要的是让物体与场景之间融合在一起的效果更真实。将画面处理得越精细，呈现的视觉效果越好。

案例：梦回大清海报——立体印章绘制与场景的融合

本例用"梦回大清"这个主题将汉字与皇宫元素相结合，利用女性的背影来引导观者的视线，氛围感的处理至关重要。

01 新建文档，然后新建图层并填充黑色，再拖入背景素材。单击"图层"面板下方的"创建新的填充与调整图层"按钮 ，在弹出的菜单中选择"色相/饱和度"命令，在弹出的"属性"面板中设置"全图"的"色相"值为 +7，设置"蓝色"的"色相"值为 +19，设置"青色"的"色相"值为 +22、"饱和度"值为 −27。

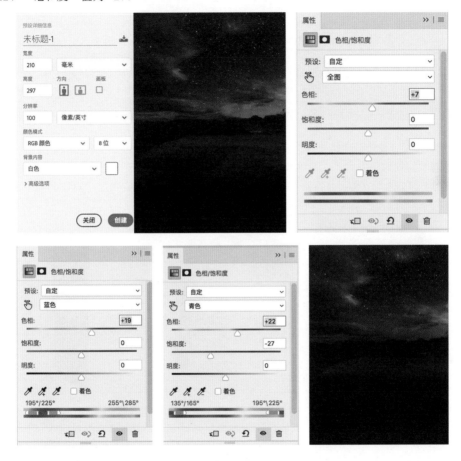

02 将皇宫素材放入画布中，单击"图层"面板下方的"添加图层蒙版"按钮 ，然后使用"画笔工具" 擦除皇宫以外的区域。接着单击"图层"面板下方的"创建新的填充与调整图层"按钮 ，在弹出的菜单中选择"曲线"命令，在弹出的"属性"面板中调整曲线，将整个画面的背景压暗。

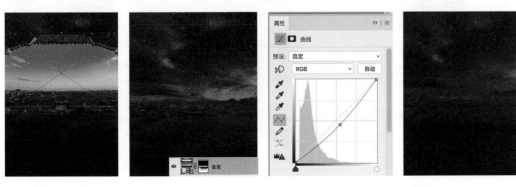

03 新建图层，选择"画笔工具" ，并设置"前景色"为黄色，然后对皇宫的亮部区域进行涂抹。再设置图层的"混合模式"为"叠加"，并设置"不透明度"值为50%。

04 新建透明图层，使用"钢笔工具" 绘制一个长方体，并为长方体的各个面填充颜色。接着将斑驳的纹理素材放到长方体上，并单击鼠标右键，在弹出的快捷菜单中选择"创建剪贴蒙版"命令，将纹理素材嵌入长方体，并设置该图层的"混合模式"为"正片叠底"，设置"不透明度"值为40%。

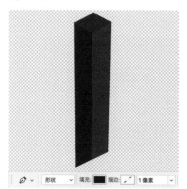  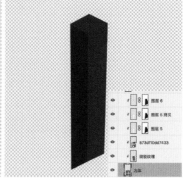

05 新建图层，使用"画笔工具" 在长方体的边缘涂抹白色，并设置图层的"混合模式"为"叠加"，设置"不透明度"值为30%。接着新建图层，使用"矩形工具" 在长方体的上方绘制线框。

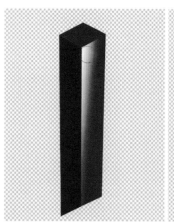 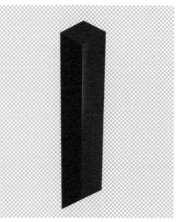 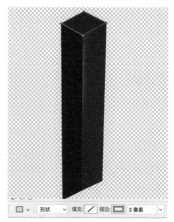

06 新建图层，输入文字，放在立方体的顶面。然后双击图层打开"图层样式"对话框，选中"投影"复选框，调整投影的角度和大小，做出类似印章的效果。再将这些图层全部选中，使用快捷键 Ctrl+G 编组。接着使用快捷键 Ctrl+J 将做好的印章形态进行组合，再复制出多个，并将其他印章里的文字替换为其他的繁体汉字。

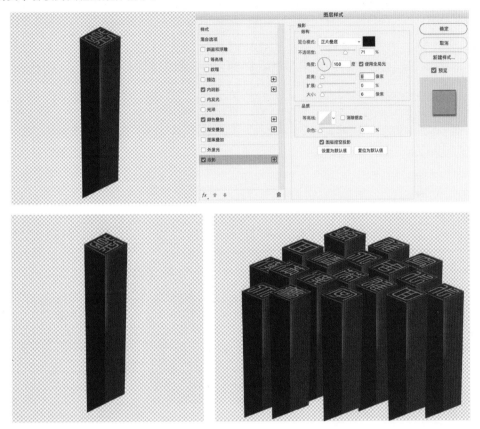

07 分析每一个印章之间的阴影关系。新建图层，使用"画笔工具" 绘制每个区域之间的阴影。

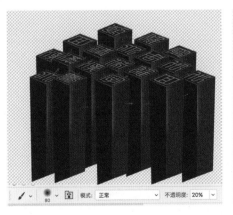

08 遵循近大远小、近宽远窄的透视规律，使用快捷键 Ctrl+J 多次复制印章图层，将印章堆成堆。

09 将所有印章拖到原画布的图层中，并调整好位置和大小。接着新建图层，使用"画笔工具" ，
涂抹印章远处的区域。

10 将孔明灯素材拖到天空区域，然后使用快捷键 Ctrl+J 复制多个并铺满整个天空。

11 将月亮素材拖到天空右上角，然后新建图层，使用"画笔工具" ✎涂抹天空与皇宫连接的区域，并设置图层的"混合模式"为"叠加"，设置"不透明度"值为60%。

12 将带有金色粉尘的素材拖到月亮旁边，然后设置图层的"混合模式"为"滤色"，去掉素材中的黑色部分，让金色的光与皇宫连在一起。

13 将人物素材拖到印章上面，新建图层并单击鼠标右键，在弹出的快捷菜单中选择"创建剪贴蒙版"命令，将印章嵌入到人物图层中。然后使用"画笔工具" ✎涂抹人物右侧区域，再设置该图层的"混合模式"为"叠加"，并设置"不透明度"值为60%。

14 新建图层，单击鼠标右键，在弹出的快捷菜单中选择"创建剪贴蒙版"命令，将印章嵌入人物图层，然后使用"画笔工具" ✐涂抹人物右侧区域，再设置图层的"混合模式"为"柔光"，设置"不透明度"值为60%。

15 单击"图层"面板下方的"创建新的填充与调整图层"按钮 ◉，在弹出的菜单中选择"曲线"命令，将整个画面进行压暗处理。然后单击鼠标右键，在弹出的快捷菜单中选择"创建剪贴蒙版"命令，将印章嵌入人物图层。

16 新建图层，将文字拆开放置在月亮素材区域。然后单击"图层"面板下方的"添加图层蒙版"按钮 ▣，并使用"画笔工具" ✐涂抹每个文字的边缘。

17 新建图层，使用"画笔工具"在画面四周进行涂抹，然后设置图层的"混合模式"为"柔光"。

18 单击"图层"面板下方的"创建新的填充与调整图层"按钮，在弹出的菜单中选择"曲线"命令，在弹出的"属性"对话框中拖动曲线，将画面整体提亮。再次单击"图层"面板下方的"创建新的填充与调整图层"按钮，在弹出的菜单中选择"色彩平衡"命令，在弹出的"属性"面板中设置"中间调"的"青色—红色"值为 +5、"黄色—蓝色"值为 +32，改变整体的色调。

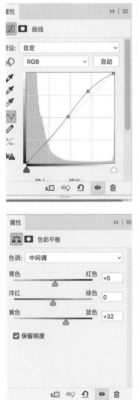

6.8
节日海报

在制作节日海报时，可以根据当前的节日选择合适的元素来营造画面的氛围，将大众带到节日的场景中。

案例：端午节海报——龙舟与外框的结合

在本例海报中，龙舟与粽叶元素贯穿了整个画面。龙舟围绕在画面四周，代表团圆，用粽叶包裹着端午文字，体现端午吃粽子的习俗与更浓郁的传统文化氛围。

01 新建文档，然后新建图层并填充米黄色。执行"滤镜 > 杂色 > 添加杂色"菜单命令，在弹出的"添加杂色"对话框中设置"数量"值为3%，让背景有颗粒感。

02 拖入龙舟素材，并使用快捷键 Ctrl+J 复制一层，然后使用快捷键 Ctrl+T 结合"自由变换"命令将龙舟顺时针旋转90°。

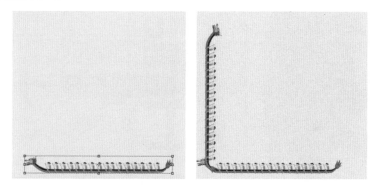

03 选择龙舟素材图层，单击"图层"面板下方的"添加图层蒙版"按钮 ▢，然后使用"画笔工具" ⌀，擦除不需要的区域，让两个龙舟素材能够头尾融合。再使用快捷键 Ctrl+T 结合"自由变换"命令调整龙舟的角度。

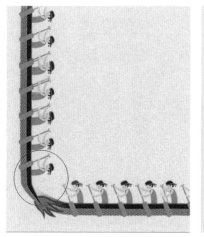

04 使用同样的方法复制龙舟，并将龙舟的头尾进行融合，让龙舟围绕在画布四周。接着运用左右构图的方式布局画面中的元素。将"端午"文字放到画面右侧，将其余文字内容与装饰元素放到画面左侧。这里先放置"端午"两个字。

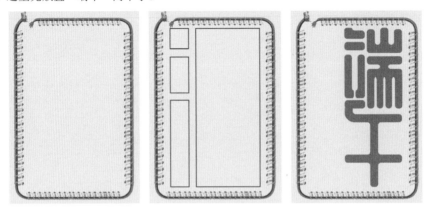

05 将粽叶素材放到端午文字的上面，单击鼠标右键，在弹出的快捷菜单中选择"创建剪贴蒙版"命令，将粽叶嵌入"端午"文字图层中。

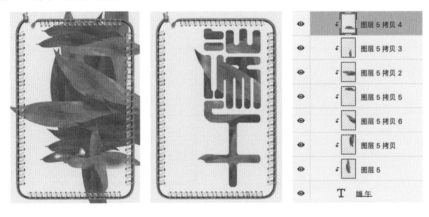

06 新建图层，使用"画笔工具" 🖊 在粽叶的每个棱角和边缘涂抹白色。接着新建图层，使用"画笔工具" 🖊 继续在粽叶的每个棱角上涂抹白色。然后设置图层的"混合模式"为"叠加"，设置"不透明度"值为40%。

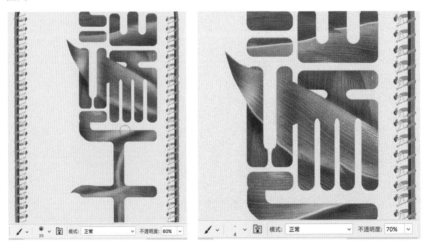

07 新建图层，使用"钢笔工具" 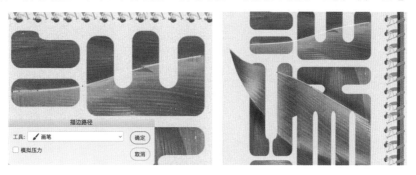继续在棱角边缘勾勒线条。然后单击鼠标右键，在弹出的快捷菜单中选择"描边路径"命令，在弹出的"描边路径"对话框中设置"工具"为"画笔"。

08 设置白色线条图层的"混合模式"为"叠加"。然后继续使用"画笔工具" 在粽叶的棱角和边缘进行涂抹，让"端午"两字看起来更层次和质感。

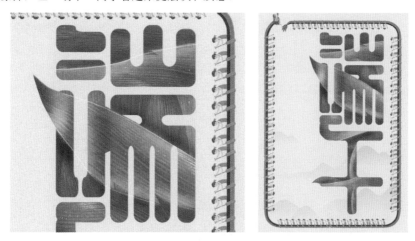

09 把扁平的山峦素材放到"端午"图层的后面。然后单击"图层"面板下方的"创建图层蒙版"按钮，结合"画笔工具" 擦除山峦的下方，并设置"不透明度"值为30%，让山峦看起来渐隐在画面中。

10 根据整个画面的构图将其余文字和素材放到画面左侧，并根据参考线进行排列。

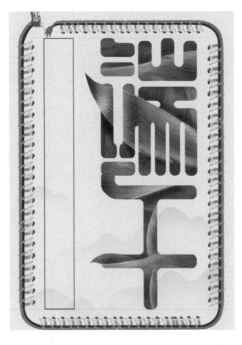 

11 单击"图层"面板下方的"创建新的填充与调整图层"按钮 ，在弹出的菜单中选择"色相/饱和度"命令，在弹出的"属性"面板中设置"饱和度"值为-28，降低画面的饱和度。

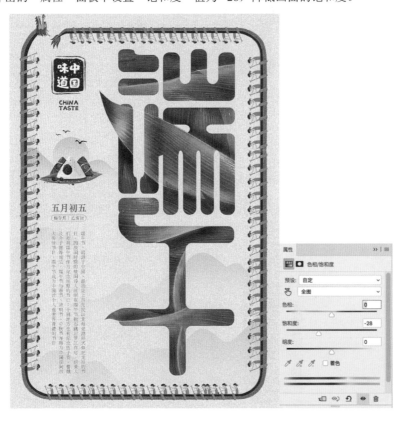